雑根バイブル
組織の道しるべ

樋越 勉 著

初優勝で胴上げされる樋越監督（平成6年度）

東京農大オホーツクキャンパスの野球グラウンド

オホーツクキャンパスから網走湖方面を望む

五つの誓いの象徴五ツ葉のクローバ

野球グラウンドにはびこるクローバ

東京農大生物産業学部正門に向かう道路

采配を振るう樋越監督

勝利の喜びの選手たち

組織づくりとは人と人の絆（けっしゅう）

夢拓くとは人と人の絆（つながり）

この本を書くにあたって

私が北海道に赴任することになったのは突然のことであった。平成元年に東京農業大学硬式野球部世田谷のコーチを任され、2シーズンが過ぎ3シーズン目の春が終わった数日後に、異動通知が出て、網走に行くことになった。そこから私の新天地でのチーム作りと組織作りの葛藤の30年間が始まるのである。

なぜ、この本を書くことにしたのかというと、私を大きく成長させてくれた人たちとの出会い、一緒に戦ってくれた学生たちの足跡を残したかった。それと、その選手たちが今、社会に出て中間管理職に就く年齢であるからこそ、その道しるべにと作成したかった。

『ザッコンのバイブル』と題したザッコンの意味は、一般的に言われる雑草の雑にその心、魂ということで雑魂と書き記す人が多く、特にスポーツマンに多い。私の言うザッコンは、雑根と書く。これは、雑草の根っこ。何回も葉、花が刈られても、ちぎられても腐っても、またそこから根がある限り、生き続ける。根がある限りまた、葉を付け、つぼみを育み花を咲かせ生きることを続

『雑根バイブル――組織の道しるべ』と名を記した。

世の中は不条理、不道理が70％以上。自分の思うようなことが通るのが30％。時にはすべてが不道理、不条理で動くこともある。しかし、それに負けずに、一から出直し、またそこからやり直し、いつか花を咲かせる。そんな生き方のバイブルになればと思っている。

そして、野球を通し、私と関わり、共に戦ってくれた全ての教え子、君たちに贈りたい。

平成30年8月　著　者

雑根バイブル——組織の道しるべ　目次

第一章　組織作りの導入

見事に咲きほこるクローバ

1　ボイコット

網走の広大な地に降りた時、飛行機から見た風景を今でも忘れない。都会で33年間生きてきた私には、本当に衝撃的なものであった。私は赴任を告げられたのが5月26日の着任一週間前ということで引っ越しの準備もせず、ユニフォーム2着、野球道具一式をカバンに押し詰めて、東京を旅立った。

私は簡単に野球部に受け入れてもらえると思いグランドに行ったが、そこには野球部とは程遠い一般学生の集まりの同好会のような選手が30数名いた。挨拶をするとみんなは、何か不機嫌というか、嫌な顔をしている気がした。とりあえず、東京から来た樋越だと挨拶をしたら、誰も快く思っていないことがすぐ感じ取れた。まずは、その挨拶の後に、キャプテン・副キャプテンと話をと思い、夕方2人を呼んだ。すると彼たちから出た言葉に愕然とした。「僕たちは楽しい野球をやりたい。楽しくみんなで野球をやりたいので、当分の間はグランドに出てほしくない」と告げられた。私もその頃は若かったので、その言葉に激高、呆れた。じゃあ、良いよと、グランドには出ないことにした。これが新天地での始まり、第一歩の現実であった。

そこで何が起きているのかを考える余裕も得策も私にはなく、2カ月が過ぎ、ただの大学の事務職員ということで4時半には業務を終え、その後野球部が、大変お世話になることになる小田部和俊さんが大将を務める近くの「龍寿し」という店に毎晩通った。5時前にはそこへ出向き、単身赴任である私は、毎晩夕食をそこで食べ、フラフラと夜の街へ出て浮名(うきな)を流した。2カ月が経ち、こんなことで良いのだろうか。何が原因なのかを考え、調べてみた。大きな要因として浮き彫りになったのが、情報の錯綜、間違った情報が、この学部に蔓延していたことであった。

元高校の教え子が何人かこの学部にいて、彼らが私の日本学園高校時代の指導のスパルタのイメージを増幅、さらに面白おかしく脚色させて、鬼監督のイメージをつくりあげ、ここの野球部員たちに伝えていたのだ。選手たちは本能的に、エライ人が来た。スパルタでしごかれる。スパルタで追い詰められて自分たちの野球が楽しくなくなる。そう彼らは受け止めていたのだろう。そして、学生の立場を考えてやれず、最初の挨拶の時に攻撃的な態度を感じさせてしまった私の行動。そこが、私として導入の部分で失敗をしたのかもしれない。

世田谷の学生と違い、先輩もいなく伝統も歴史もないこちらの新学部の学生で、18、9のまさに大人になりかけている高校生たちであった。北海道の新学部に来るに当たって、自分でどうにかしよう。自分で何とかしよう。自分たちで開拓しようというフロンティアスピリッツを持った学生たちであるこのフロンティアスピリッツは、新学部の開学のスローガンでもあり熱い心を持つ学生がたくさん都会から志を持ち集まっていたのである。そんな学生たちが作り始めた野球部であるから、頭から押さえつけられるだろう野球に抵抗を持つのは当然であった。その抵抗は激しく、夏が終わるころまで私はグランドに出ることはなかった。

しかし、その当時の学長（松田藤四郎先生）の一言で私はグランドに出ることになる。そして当時の野球部長の田川彰男先生（創設者）に促されてグランドに出ることになる。しかし、学生と私の間の野球観の違いは大きく、私から見たら中学生以下のレベル。本人たちは精一杯練習をやっているというが、私には到底そのような姿には見えなかった。ここが、私の最初の組織作りの始まりの部分だ。ここで一番私が感じたことは情報の錯綜、情報の悪方の増幅、新学部という新しい学部の学生像をちゃんと私が考えなかったこと。また、それを受け入れられなかった私自身の未熟さが、一番後悔されるところだと思う。これは組織作りの導入にとても重要なことで一番大切なことだと思う。相手を知り、自分を知ってもらい相手の情報量、情報の質、相手の考え方を熟知してから組織作りに入る。これが一番大切なことである。また、私のように一度出来上がった組織を再生するということは、並大抵な努力ではできないのである。情熱と信念を持つことと、選手（部下）を愛することが一番必要なのである。

2　ぺんぺん草とクローバー

私が赴任して最初にグランドに立った時、愕然とした。それは何故かというと外野に真っ白な雪かと思うほどの白いものがびっしり張りつめていたのだ。東京でここは、5月の中ぐらいまで雪が残り、雪がなかなか解けないと聞いていたので、私が大学に入って遠目にそれを見た時、雪がまだ残っていると素直に思った。段々グランドに近づくとそれが雪ではなく、シロツメクサ、ぺんぺん草（ナズナ）とクローバーの群生だと気が付いた。その現実にまた私は愕然とするのだ。グランドに花が咲いているのだ。そんなことは絶対にありえない。私の野球人としても常識ではありえないことが起きていた。外野に立ってみると花の群生の中に蜂。大学で飼育しているミツバチだろう、その蜂が蜜を取りながら楽しげに飛んでいる。そこだけ見れば、とても長閑な良い風景である。私はその乱舞する蜂の羽の音を聞き、姿を見てこれからの指導者としての困難を肌で感じた。

私がグランドに出るようになったのはボイコットされてから2カ月後のことで、もう北海道の夏は終わりに近づいていた。しかしこのままでは野球をやる状況にはならない。また、選手たちにこのような状況で野球をやれると考えてほしくなかったので、この花と雑草を刈ることによって、私がどのような思いで、野球に立ち向かっているのかをその姿で見せたいと思った。

そこで、大学に芝刈り機を借りに行ったが、芝刈り機とは名ばかりで、簡易的な家庭用の小さな芝刈り機しかなかった。その芝刈り機で半日かけて、外野の半分がやっと刈れる状態。また、翌日半分を刈る。全体を刈るのに3日間くらいは有に掛かるが、最初に刈った部分は3日目にはまたクローバーが生えてきて花が咲き乱れる。そんなことを繰り返えしながら、先ずグランド、野球環境を整えることで野球に向かう心を彼らに知って欲しかった。

石だらけのグランド。本当に野球をやれる環境ではなかった。来る日も来る日も草刈りと石拾いのグランド整備に明け暮れていたある日、ノックをやろうと、ノックボールを持ってこいと選手に言うと、倉庫からバケツ二つに真っ黒な30球足らずの硬式ボールを持ってきた。えっ?ていう表情で私がボールを見ると、「これがノックボールです」「これがノックボール?」と聞き返した。ボールの状況を見ただけで他の道具も何一つない状況だとわかった。そこで私は、道具の整備もしなくてはならないことに気付いた。当時、社会人野球の強豪北海道白老大昭和製紙に大学の先輩が多勢いたのと、なかでも吉田弘先輩には私が東京のコーチのころからいろいろとお世話になっていたので、そこからボールやバットを送ってもらい、支援をして頂いた後に現在沖縄興南高校で全国制覇をされた、当時の大昭和製紙監督であった我喜屋優監督に合宿など色々と大変お世話になる。他にもいろいろな所から道具を集めた。また、私の引っ越しの荷物を送る時に世田谷で使わなくなったドラム式のバッティングマシンを荷物に紛れさせ送りました。東京では使わないような道具も、この北海道の選手たちにとっては、マシンが来たという驚きと喜びがあったようだ。

そのように道具とグランドなどの環境整備をすることによって、彼らに私の野球に対する情熱と真剣さを伝えた。それを続け一カ月くらいして、選手たちも石を拾うようになり、道具を磨くようになった。この時私は、もしかしたら本気になって野球をやるのではないかという予感と期待を持った。

そして、選手たちに私の心も伝わり始めたのか、野球に対する立ち向かい方も選手たちは変わってきた。その少しずつの変化が、この組織作りの変化にもなって来たように思う。やはり、指導者が、組織を作る側として、本気でその姿を見せた時、その組織が動き出すのだと思った。

また、そんな時、東京から世田谷の陸上ホッケー部監督の近藤陽三さんが我が野球部と同様に大学の強化指定部の当学部ホッケー部の指導に来られていた。本学の陸上ホッケー部は、全国優勝20回以上、全日本の代表選手の輩出も多数で、名門中の名門であった。その近藤監督が私の芝刈りの姿を見てその当時のホッケー部長の渡部俊弘先生（後に副学長）に「アイツは凄いよ。きっとこのチームは強くなるよ」と言ってくれたことを、ずいぶん経ってから聞いた。やはり、私の姿をみて感じ取ってくれたことは、スポーツの種類は違っても戦う場でトップを極めた人が感じたこと、それを選手たちも感じたのだと思う。やる気を見せる、やる気を見せるには自ら行動し、見本になる。自分の心をさらけ出してぶつかること、それが全てだと思う。組織作りの第一歩は自分のやる気を相手に示すこと、それが些細なことであってもそれを感じてもらうこと。それが大きな一歩になるのだ。

3　退部

この頃になって、だいぶ学生も落ち着いてきたように思ったが、また一つの大きな出来事が起きた。それは平成2年秋のリーグ戦が終わった時点で、私がコーチから監督になるという時期でもあった。この時に元年四部スタート、優勝、三部昇格、そして秋優勝を目指すところまできたが、2位でシーズンを終えた。秋のリーグ戦終了後、全日本の会議で選手権の枠の見直しがなされた。将来的に北海道代表枠を1枠から、2枠に拡大するとの意向が北海道連盟に通達された。それを踏まえて、来春から北海道の1リーグ制から札幌六大学野球連盟と北海道六大学連盟の2リーグ制に編成替えがなされた。そこで三部だった当部は自動的に北海道六大学連盟2部に昇格し、私が二部6位校の監督になるのである。それまで地元の佐藤義則氏が監督をされていたが、秋季リーグ戦後に監督の交代をした。部員は27、8名。そして、秋が終わり、冬のトレーニング、強化練習に入る前に選手全員を集めて話をした。

今までは、選手の思いどおりに好きなように野球をやらせ、楽しくやらせてきたが、私が監督になってその方針を変えることを伝えた。勝つための野球。一部昇格。全国大会を目指す厳しい野球をすることを彼らに伝えた。彼らはそれを聞き、うなずく学生もいたが、嫌な顔をする学生もいた。しかし、私はその使命を受けてここ網走に来ていることを何回も話した。その結果、退部者が21名近く出て、残った学生は6名だった。でも、それに甘んじる訳にもいかず、6名からの新しいスタートを切った。この人数では野球は出来ないので、その年の受験制度に運動選手推薦を導入して頂き、来春15名の学生を受け入れられることになった。しかし、15名を採るにも新しい高校生を勧誘するにも、6名しかいない部に誰も来ないであろう。そこで今までいた部員に、新しい部を作るためにもう少し部に留まって欲しいとお願いをした。とりあえず、次の高校生が来るまで留まって欲しいとの思いを告げたが、つらい練習はしたくないと断られた。その折衷案として、高校生がこちらに来た時だけでも良いから、練習参加して部員でいてほしいと。それはバイト代を払うからとまで言ってのことである。退部者の了解を得たうえで、規則正しい動きと整然とした配置配列ができるアップだけを繰り返し練習した、今のブラジル体操のような一糸乱れぬ動きになるようにやってもらう。それだけを二カ月ほど練習させた。それによって、アップまでの統率は完璧なものとなった。それは来年度入学、入部する選手のために見せるだけのデモンストレーションであった。

その後、新入生が網走に大学見学に来校したときに、パフォーマンスとして網走市営球場でこのアップの光景を見てもらった。この当時はグランドも整備されていなく、照明もなく、フェンスもただの金網で市営球場の照明に映し出されたアップのパフォーマンスは彼らに感動と、この土地で野球をやる勇気を掻き立たせたのは言うまでもない。私の狙いどおりだった。この15人を集めるにあたって、選手たちをどのように集めたらいいのかを考え、私の母校日本学園で監督をやっていた時に関係があった全国の高校監督に連絡し、新しいチームのために、何しろがむしゃらにやる人間、いわゆる兵隊になれる人間を送って欲しいと頼んだ。またちょうどバブルが絶頂から少し弾け始めた頃だったので、まだまだ進学率はとても高く各方面から野球をやりたいと学生たちが集まってくれた。その時の15名は、ほとんどが高校でキャプテン、副キャプテンの経験者で、彼らが最初のSP15名の学生となった。

その15名がこのバイブルの1ページの始まりとなる。その中に帝京高校からくる四分一という選手がいた。後に私を三十年近く支えてくれている父母後援会長の四分一明彦さんの息子であった。彼は中学生の頃、帝京高校受験前に私が指導していた日本学園に興味を持ってくれ、何回か会い、話をしたことがあった選手である。その後4年ぶりに世田谷のセレクションでオホーツクに来てくれる選手を探しに行った際に、再会することになった。グランドで四分一さんを見つけ、「お久ぶりです」と声をかけた。四分一さんは満面の笑みで「監督元気だった？　監督は今、何してるの？　なぜ世田谷のセレクションにいるの？」といった。私は現在北海道の学部で硬式野球部の監督をしていることを伝え、選手を集めていることを伝えた。是非とも、東京世田谷でなく、私に息子さんを預けて欲しいと頼んだ。彼は帝京高校では、二番手として、それなりに投げている投手であり、大学で主戦投手として投げる力は十分ある選手だった。そして四分一さんと私の中である程度の約束事ができ、本人も北海道で頑張ってみたいと言ってくれた。彼は長年のいろいろな私の人間関係で繋がった最初のスポーツ推薦学生15名の１人である。彼の他にも、日川高校のセカンド三枝、ショート菊島、彼らは後に北海道を代表する名二遊間である。彼らもその一員で、私がとても親しくしていた農大野球部後輩で日川高校池谷公雄監督の育てた選手たちである。これは、人との繋がりで参集できたのだと思う。

新しいことをやる時には、必ず犠牲は出る。必ず遠のいて行く人はいる。ただ、その時、目標を曖昧にしていると、うまくいかない。自分の方針に沿って新しいものを作る意思と、志のある者を集めること、それが大切である。それがこれから新たな硬式野球部のバイブル、雑根の精神になる。新しく入る15名と残ってくれた6名の選手たちによる挑戦の始まりであった。組織作りに重要なのは人材であり、その志のある人材を招集する力は良好な人間関係の構築と、自分自身の志を強く持つことだとつくづく感じた。

第二章　人の育て方

我がもの顔で咲きほこるタンポポ

4　五つの誓い

退部者が21名出たその翌年、ひと冬が過ぎ春から新しい高校生15名がスポーツ推薦で入って来た。その他に、私の高校監督時代の教え子など在学生4名も新たに入部していた。この19名が入ってきて、残った6名と合わせて25名が新しい部の始まりである。まず、チームつくりをするに当たって彼らに伝えたのは、とにかく勝つために執念をもって野球部に取り組んでほしい。スパルタだが、それについてきて欲しい。必ずお前たちを一部で優勝できるチームにするからと言い聞かせてみんなを叱咤激励した。知らない土地へ来て先輩10人、新人15人が戦い始めたのだ。前の年に北海道大学野球の連盟が二つのリーグに分かれて、二部に昇格していた我がチームは、春季二部の6位スタートになった。その中で、またチャンスが訪れた。北海道大学野球は二部までは金属バットを使用することが許可された。それで、新入生は違和感なく野球に入っていけた。そして彼らを迎え入れるのにいろいろな準備もした。

グランドの整備、道具の整備、大学側もかなり協力体制を整えてくれた。大分野球部らしくなってきていた。ただこの15人を下宿させるわけにもいかず、寮の設置を大学側にお願いしたのだが、網走市との大学開学時に寮は設置しないとの協定があったためかなわなかった。地元に経済効果を及ぼすために学部生全員が下宿・アパートに住むことで市に還元する意図があったと聞いている。そこで私は野球部員だけを入れてくれる合宿所（借上げアパート）の協力者を探してみた。いろいろ模索し、地元有力者にお願いもしてみたが一向に埒が明かない。それはなぜかというと15名で活動し始める部が海のものとも山のものともわからないからだった。そこで、前に少し触れたが陸上ホッケーの強化指定部と共同の寮を作って欲しいとお願いし、ホッケー部の監督青山秀隆と地元の建築関係者、ホテルなどの方々にお集りいただき話を聞いてもらった。ある時、地元の建築会社のオーナー5、6名に集まってもらい話をする機会を設け、いろいろ話す中で私たちの全国大会出場への情熱をぶつけてみたが、あまり理解されず受け入れては貰えなかった。特に私の場合は東京出身で、どこの馬の骨ともわからない奴が、夢物語を語っているのかと思われたのだろう。それでも何度も何度も説明会を続け協力を仰いだ。

そこで私がそのオーナーたちの前で一貫して言い続けたことがある。それは私の五つの誓いである。これは当初この野球部を任された時に自分の目標ということで打ち立てた誓いである。

①　二部優勝し一部に昇格する。
②　部員を100名集める。
③　一部で優勝し全国大会に出る。
④　プロ野球選手を輩出する。
⑤　全国制覇

これを皆さんの前で何回も何回も話し続けたが、みんなは呆れるというか、笑っていた。皆さんが思っていたのはこの北の最果ての田舎で、部員が100人集まる訳がない。この田舎で一部優勝なんてできる訳がない。まして、プロ野球選手を輩出するなんて到底無理。以前、この網走からプロ野球選手になった方がいらっしゃる。網走南ヶ丘高校で甲子園に出場し、その後立教大学に進み巨人軍に入った横山忠夫投手である。のちにこの方とお話しする機会があったが、その網走での甲子園出場も本当に夢物語のようであったと聞いている。

そんな北の最果て網走で、私が誓った五つの誓いは、地元の人には夢物語にしか思えなかったのだろう。

しかし、私はこの誓いを立て一つずつその誓いを達成して来た。そして、徐々に周りにわかってもらえるようになり、また市民の皆さんから支援してもらえるようになる。最初にこの誓いを信じてくれたのか、夢と思ってかけてくれたのか、当時の合宿所のオーナーであった石丸久美子さんが農球会（地元市民後援会）の後押しもあり「私が建ててあげます」といってくれ、45部屋、90人が入居可能なアパートを建ててくれた。これは我々にとってとても大きな前進であった。もともといた部員はすでに下宿に住んでいたし、45部屋を全室埋めることにはならず、始めは部員1人が2部屋を使っていた思い出がある。しかし、そこから合宿生活が始まり、私も一緒に寝泊まりすることもあり、一緒に食事をし、一緒に酒を飲み、一緒に風呂に入り、一からホントの野球部の人間作りが始まった。ここで思うのが、有言実行。何かを成すためには、自分で目標を立て言葉に出し、その目標に向かって努力する。そしてひとつずつ達成していくことで自信をつける。そこでまた次の目標に向かう。そういうことが大切であると思っている。また、何かを作り出すためには、地元の風土、考え方、生き方を知りながら行動することの難しさも知った。ここから私の五つの誓いへの挑戦が始まることになる。

5　伝達

この伝達というのがとても難しく、また、伝達が上手くできることが、人を育てる中で大切なことだと思う。伝達というのは、こちらの思うことを伝えるということでそれは思っているイメージ通りに伝えなくてはいけない。往々にして、今の世の中、「言ったから、君にお願いしていたから」というようなことが多いが、それはこちらの意思が伝わっているのではなくて、ただ言葉をぶつけただけで、そこには誤解や行き違いが生じる時もあり、とても難しいことと思っている。

この伝達について、忘れられないエピソードが二つある。前のページで述べたように、我が部は合宿所で暮らすようになり、部員も増え始めその当時は50名近い部員になっていた。現在のOB会長の飯島康一、当時はセンターの選手である。うちの野球場は高台にあり、風が吹き抜ける球場だ。そのグランドでノックをしている時、ある事件が起きた。逆風の中外野ノックをし、飯島がエラーをした。そこで緩慢なプレーに対して叱りつけたが周りの選手から飯島への伝達ができず、飯島は何を言われているかわからないまま、私が怒鳴っている姿をみて、とりあえず返事をすれば良いと思ったのであろう。「お前何やってるんだ！　お前、野球をなめてるのか、ふざけているのか」と怒鳴ると「はい」と返えしてきた。自分はそこで正直な話、この選手はなめている！馬鹿にしている。野球を馬鹿にし、私のことも馬鹿にしていると思った。お前ふざけるなと言って、ホームに呼んだ。そこでその当時ですから、有無を言わせずに愛のムチが彼の顔にとんだ。彼は何が何だかわからず、私の制裁をくらい、鼻血を出していた。

「お前、ふざけるな！　やる気がないのであれば帰れ」「すいません。やります。やらせてください」「しっかりやれ」と、彼の本意も聞かずセンターに戻し練習を続け、彼は鼻血もぬぐわずノックを受け続けた。ここで大きな間違いは、私が伝達したことが伝わったのか、さらに正確に伝わったのか、彼が理解したのか、彼が言った言葉の意味は何だったのか。相互の理解を得ないまま、私が取ったこの行動は本当に間違いだったと後悔した。後に彼がOB会長になった時に「監督さん、あの時、風で何を言われたか聞こえなかったんですよ、とりあえず返事をしておけば怒られないと思ってしまったんですよ」と彼から聞いた。彼が監督の「お前なめてるのか」に「はい」と返答したことになっていて、大笑いしましたと言った。昔話だと笑って話してくれた人間の大きさや優しさに本当に感謝した。伝達というのは本当に難しいと思った出来事である。

もう一つは、また四分一が絡むのだが、その頃の合宿所の中は下級生ばかりで規律があってないような感じだったが、それなりに厳しくはやっていた。たまたま合宿所の裏に練馬ナンバーの乗用車でスポーツタイプのソアラ（その当時暴走族に人気があった）が駐車してあった。それを私が合宿所に戻った時に見つけ、「誰が乗ってきている車だ」と聞いた。通いの選手もいたので、その選手が乗って来たとも考えたが、その車の持ち主はいない。練馬ナンバーということで、私は頭から練馬ナンバー＝四分一と思い込み、彼の部屋に行った。四分一は練習に疲れていたが、私はたたき起こし「お前ふざけるな！」その前からその車が止まっているのを数回目にしていたこともあり、マネジャーには何となく乗用車には乗るなと伝えてきたつもりであったが、それが伝わっていたかどうかは今ではわかないが、その伝達事項を確認せずに、頭から思い込み、腹を立てて、さらに練馬ナンバーだから四分一だと決めつけた。スリッパで何十発か愛のムチを与えた。四分一はやっていないと言い続けたが私は許さなかった。それはなぜかというと、合宿所の戒めというか約束事が守れないなら厳しくするという私の意思を伝えるためのものでもあった。父母会長である四分一の父親との話で、何かあった時はうちの倅を代表で殴ってくれと言われていたこともあり、私はみんなの前で四分一に制裁を加えた。

翌日、実は私ですと名乗り出たのは、四分一の同級生であった。練習生の車だった。当時は、練習生も預かっており、その練習生が通いのために使用していたのだ、と申し出たが、これもつい最近知ったが、4年生の身代わりで名乗り出たのであった。これは私の完全なる思い違いだった。また、車の使用禁止の伝達が徹底できていなかったことが過ちであり、彼を冤罪で殴ってしまった。そこで私はすぐ四分一を呼び、謝った。悪いことは悪い。俺が本当に悪かった。

私の間違いで殴ってしまったことは、許されないことだと謝った。四分一は腹の虫が収まらなかったのであろう、そこでは受け入れては貰えなかった。この時に飯島の時と同様に伝達の難しさ、言葉の伝え方の難しさ、自分の傲慢さをとても知ることになる。

しかし、ここでもう一つ大きなことがこの事件には潜んでいた。私も愕然とする事実なのである。四分一が親に「こんな監督にはもうついて行けない、俺は帰る」と電話をしたことで四分一の親がとった行動である。私はすでにこのことを親である四分一会長に伝え、本人も辞めたがっていることも伝えていた。すると「しょうがないよ。人間の世の中、間違い勘違いはいっぱいあるよ」と言ってくれた。

そして、倅にも言ったけど、商売やっていたら、間違いや勘違いなんてたくさんあり、その都度それに流されていたら商売なんてできないと言って、私をかばってくれたのだ。その当時四分一さんは家業の長として絶頂の時であったのだろうが、その経営者としての器の大きさを知らされ、私の指導者としての小ささを思い知らされた。その後、「良いよ、辞めても構わないよ。辞めるの

は お前の自由だけど、俺は樋越監督を支えると約束したから、監督の誓いが叶うまで支えるよ、お前帰って来てもいる場所はないよ。俺は樋越監督を支え続けるよ」と倅に伝えたと聞かされた。私は涙が出るほど嬉しかった。

この時私は人から人への伝達、思いの伝え方の難しさを思い知らされた。幸い四分一も親の説得もあり部に戻ってくれ練習にも参加していた。伝達は本当に難しいことであるが、人を動かすには必要不可欠なことであり、このことができるのは人間だけである。心を言葉にして伝える。自分の思い、行動を相手に伝える。これの難しさを思い知った出来事だ。

6 タンポポ

チームもだいぶ纏まりかけ、チーム状態も良くなってきた。あっという間の春が来て5月のリーグ戦に向け急ピッチにいろいろなことが進み始めた。ここで今まで通りグランド、道具の整備、寮の整備をきめ細かく指示し、それを選手たちが忠実にやり始めていた。少し大学の野球部らしくなり始めたところであった。

特にグランド整備ついてはいろいろな決めごとがあり、選手たちがそれを守っていた。その中の一つに外野のタンポポ刈りがあった。それこそ朝4時半頃に起き、5時にはグランドに立って練習をした朝練でのことである。北海道の朝は早く2時半になれば夜が明け、もう明るいのである。この明るい時に練習しないでどうするんだと思い朝練を続けていた。ここで少し脱線するが、前夜少し飲みすぎ夜ふかしをし、合宿所に向かうともう昼間のように明るく、東京ならまだ真夜中で真っ暗だが、いわゆる朝帰りが見られてしまうような状態であった。本題に戻るが本当に夜明けの早い土地である。そんな土地柄の中、朝練のために寮より高台に位置するグランドまでの6キロを、選手たちは走って上がってくる。

グランドでは、先ず外野手が外野のタンポポを抜くのである。これはどんなに彼らが手入れを細かくしていても、どこからか種が飛んできて花が咲いてしまう。彼らは練習が始まる前に監督の私に叱られないように、タンポポをひたすら摘み続けるのである。それは練習前の大変な作業である。しかし、それをやることにより彼らがグランドを大切にし、また、グランドをいかに良い状態にできるかを試行錯誤するきっかけとなったのである。特にこのタンポポ摘みは大変な作業で、朝に摘み取っても昼にはまた咲いてしまう。ここで生命力の強さを感じるのであるが、ほとんどが関東地方から来ている選手たちなので、そのことが分からないのである。朝練の前に摘んだはずのタンポポが昼には咲いてしまい。要するに蕾も摘み取らないと咲いてしまうのである。また、朝日が当たり気温が上昇するとタンポポは花を咲かすのである。それも、彼らにはわかっていない。私はそれを知っているので朝はそれほど入念にチェックはしない、わざと昼休みにタンポポ点検と言って外野を回って歩く。すると必ず1、2輪は咲いている。それでまたグランドの手入れが悪いと言って彼らは、丸坊主になる。何回も何回もそれを繰り返し、ある時彼らは学習をする。タンポポは根から取らないといけないと気が付くのだ。蕾があればそれも摘まなければいけない。その試行錯誤することがイコール、野球が強くなる基になるのだ。要領の良さ、考える力、状況判断力だ。たかがタンポポを摘むこと一つにしても、いろいろな学びの一つになるのである。

いわゆる「アンテナを張る」ということだ。しかし彼らはまだ子供なので、そこまでが精一杯である。ある時、「お前たちな、タンポポを刈るのは上手になったが、もう少しいろいろ考えたら良いんじゃないか？　お前たちは東京農業大学の学生だよな」「植物のことも勉強しているんじゃないのか？」と話をしてみた。それはあくまでヒントであったのだが、私が意図とすることに気が付く学生が、いつ出てくるのかも楽しみであった。何年ぐらいかかったであろうか、学生たちがグランド外のタンポポを芝刈りで刈るようになった。そこなのである、大切なのは。タンポポの種が飛んでくる元を絶たなければ、グランドのタンポポは絶対に無くならない。根を取らなければ必ずまた花が咲いてしまう。それを彼らが気づき、グランド外のタンポポも刈るようになった時、少し彼らも大人になったように感じた。

人を育てるということは、考える力をつけさせる。判断力を付けさせる。思考を付けさせる。何かを計画させる。そのためには答えに辿り着くためのヒントを与える。答えはあくまで彼らに出させなくては身にならない。単なるタンポポ摘みではないことを彼らに教えた。そこからグランド内、外、で要領が良くなったといえば言い方が悪いかもしれないが、いろいろと考え、自分たちで考えて行動するようになったのである。はっきりしているのは、本当に知恵のある子、要領の良い子は早く大人になっていく。その早く大人になっていくことで先が読めるようになり野球が上手くなる。社会でも同じことが求められる、適応力が備わると思うのである。

同じような実例を追記しておこう。球拾いである。球拾いと言うと単に球を拾うことだけと考えるのが普通である。これが結構難しいのだ。特にグランド外に出てしまったボールを探すのに大変労力が必要なのである。

オホーツクのグランドは外野の奥が全て林になっている、そこに入ってしまった球を探すのは宝探しに近いものがある。選手たちは、練習が終わると林に入り全員で探すのである。翌日、私が林に入り探すと必ず1球は見つけ出す。多い時には3～4球。選手たちは全員罰則で丸坊主である。すると彼等は探す方法を試行錯誤し始め、林で全員一列になり行進するように探したり、林の下草を芝刈りで刈ったりと知恵を絞るのである。しかし、私は、必ず1球は見つける。それは私が大学時代4年間球拾いであった嗅覚だと選手たちは思っている。そうではない。これは私が大学時代に学習したことの経験値なのである。球は必ずその場所の低いところに転がり集まる場所があり、そこを探すと必ず1～2球見つかる。仕事においてもこの学習で得る経験値も必要不可欠なものである。後に卒業生に球拾いの秘話として話して、大笑いをしたことを思い出す。

7 心

野球部もついに二部開幕を迎えた。新入部員15名と在学生10名で構成され、始まった新チームであった。対戦相手が少ない道東の地域であるので時には、オープン戦のために遠征にも出たが、余りいい結果は出ていなかったが、チームとしては纏まり始めていた。5月いよいよ開幕である。二部の試合球場は愛別球場。ここで新生チームの戦いが始まる。ほとんどが高校卒業したての選手が主力のチームであったので球場になれるために愛別球場での大会前の事前合宿を強行した。そこで、後に連盟の審判部長や事務局長を歴任して頂き連盟運営に尽力された愛別町職員である田中信昭さんに、愛別町が管理していた愛別球場の利用をお願いしてみた。私が四部で指導し始めた頃から大変可愛がって頂いていたことと、また、五つの誓いの一つが田中さんと私の共通の志である、道内の大学生からのプロ輩出と言う夢も重なり、普通であれば試合球場で合宿を張ることは絶対にあり得ないのであるが、開幕3日前からグランドを借してもらえ、ミニキャンプを張ることになった。一番の目的はこのグランドに慣れることだったが、、ここで戦い、勝ち抜く気持ちにさせるためでもあった。選手たちは大学生と言えども高校生とほぼ変わらない扱いをしていたので、起床は6時。6時半に食事。7時にはもうグランドに立ち、ノック、フォーメーション、一本バッティング、バッティングと朝から晩まで試合前日まで練習をした。そして、ここで戦うのだという気持ちを持たせた。彼らは何が何だかわからない中でこれからリーグ戦が始まるのだという前向きな気持ちだけは持っていたと思う。

そこで、私は3日目の最終日、大会の前日の練習が終わった愛別球場で部員全員をセンターに並べて正座させた。目をつぶらせ、私は彼らに話をした。なぜ、君たちがこの北海道に来たのか。そして東京農業大学で野球をしようと考えたのか。この選んだ道が間違っていなかった結果をださなくてはならないという話をした。彼らが集まったのは一部昇格、一部優勝、全国大会、その気持ちを持って最初に集まった選手であること。その心をもう一度確認させるために正座をさせ、15分くらい語ったであろうか。心を持つこと。心を持てば、力がなくても結果が出るであろうこと。練習は嘘をつかないこと。それを彼らに伝えた。心がある者には必ず結果が付いてくるのだと伝えた。これは全てに繋がると思う。心のない仕事、心のない行動は何も結果を生まない。心があれば、結果が悪くても何かに繋がり、人を動かし組織を動かす。それが人間の繋がりであり、人間の組織であると思う。

8 昇格

リーグ戦の初戦をコールド勝ちし、波に乗れた我がチームは、5連勝で優勝することができた。これは文字通り、彼らの力であり、彼らが勝つという強い信念で臨んだからだと思う。この信念の強さは驚く程の力を発揮した。彼らは勝つことに執念を持ち、一つのプレーをがむしゃらにやってくれた。二部に上がったばかりの高校生みたいなチームが全勝で優勝する。これは大変なことである。また彼らは強い絆で立ち向かっていたと思う。彼らは3～2年生10名、1年生15名で、その1年生の結束力も凄かったが、それを支える上の学年も凄かったのである。私が一番記憶に残っていることは、入替戦、室蘭工大との試合で1勝1敗で戦い、あと1勝で一部昇格という時にその当時の頑張っていたキャプテンの鈴木にお前がここでチームをどうにかしろとゲキを飛ばすと、攻撃のための円陣で彼が何か選手たちに声をかけると選手たちが一変して士気が上がったのである。どんな声を掛けたかは未だに分からない。彼は一度、秋田高校で甲子園に出場経験がある選手だった。たまたまこの大学に来て、楽しく野球をしたいと思って野球部に入ったのであろうが、私が来てそれは一変したのだが、彼は私の野球についてきてくれ、必死にキャプテンをやってくれていた。そのキャプテンは何かある毎に「お前はキャプテンだ、お前は甲子園に出ているのだから」と私が厳しくしていたので、練習では手に怪我を負い痛みに耐え泣きながらノックを受けていたこともあった。卒業後に一度会った時に、「なんで俺だけやられなくてはならない、なんで俺だけ」と当時思っていたと話してくれた。

その時私は、キャプテンの姿を見て辛い練習にみんなが絶えられていたんだと彼に伝えた。彼は本当にその時はわからなかったけれど、今ならそれがわかりますと言ってくれた。やはり、統率する力のある人間がいてくれたことは、大きなプラスになっていたのだ。組織の中では、必ずリーダーシップを取れる人間を作らなければならない。また、嫌なことを嫌だと言わずにやれる人間が必要だと思うのだ。鈴木は本当に嫌な役割を一手に引き受け、我慢して頑張ってくれた。秋田出身の東北人で、本当に黙々とそれらに耐えて、初の一部昇格に頑張ってくれたと思っている。

そして、さらにもう一人核になった選手がいた。それは前にも話したが、三枝だ。一部昇格はしたが、戦っても、戦っても4位の結果しか出せないことが続いた。それはなぜかというと、出来立てのチームがいきなり一部で優勝。全国大会には出場させないという周りの意地もあったように思う。一部昇格後、優勝するまで6季3年が費やされ、最初の新入生15名が最上級生になっていた。4年生になった時のキャプテンが三枝だった。その当時の私はまだスパルタバリバリ、私のいうことは絶対で私のいうことを必ず遂行しなければならないというチームであった。何も考える暇もなく言われたことを絶対にやらなくてはいけない。監督の要望には100%応えなければならないのだ。先ほどの鈴木と同様に三枝も本当に意志が強く、良いキャプテンであった。

地元網走で開催の秋のリーグ戦で優勝するのであるが、その前の夏遠征で社会人チームや強いチーム相手の試合で、私はむちゃな作戦を立て、無理難題を彼らにぶつけた。しかし彼らは一生懸命それに応え努力した。これも後に聞くことだが、三枝キャプテンを中心にみんながミーティングをしている時、「こんなことは無理できない、この作戦は無理だ」と意見が出たそうだ。しかし、三枝キャプテンは「監督がやれと言ってるのだからやらなくてはならない。やることが俺たち選手の使命なのだから」そのミーティングの混乱をその一言で納めたらしい。それに対して他の選手たちも「キャプテンが言ってるのだからやるしかない」と纏まったとのことだった。ここでやはり、統率力のあるものが組織には必要で、この二人だけでなくキャプテン（統率者）に共通していえることは、人として慕われていること。人としてみんなから愛されているということ。人格が人を動かす。そういう核となる人間を育てることが重要なのだ。組織作りの中でも最も大切なことだと思う。

第三章　組織力の格上げ

朝つゆに光る芝

9　隠れSP

一部昇格後、チームの力も安定してきた頃、スポーツ推薦選手も徐々に増えていた。最初15人から20人の枠まで増えていた。そして枠が広がる前に私や東京農業大学を慕って、生物産業学部の野球部を慕って多くの高校生が受験をしてくれ、スポーツ推薦入試以外でも、指定校、自己推薦等いろいろな入試制度を経て、私のところに選手が集まってきてくれていた。ピーク時は4学年総勢128人の大所帯にもなった。その大所帯になった常勝軍団は、メディアにも取り上げられ、新聞の紙面でも度々記事にも書かれるようになっていた。やはり注目を浴びることによりまた、相乗効果でどんどん人が集まって来た。先にも書いたが、この頃はバブル絶頂期の中で進学率は上がり、地方大学にも大勢の受験生が受験し、入学するようになっていた。北海道の新しい学部ということで注目度が高く、受験者数も伸びていた。その中で野球部の快進撃、野球部の輝きを妬み、良く思わない人たちもいたようである。

そこに出てきたのが「隠れSP」という言葉だ。このSPとは、スポーツ推薦の略語である。スポーツ推薦以外で入学し野球部に入る学生を隠れSPと呼び、その学生たちを非難し排除しようとする力が動いた。私にとっては、スポーツ推薦も一般推薦も指定校推薦も全部、この農大を思い、農大の門を叩いてここで勉学をしながら野球をやりたいと思って集まった学生たちなので、何も隔てることはなく、グランドでも、スポーツ推薦だから、一般だからと区別することはなかった。全員同じように扱い、現にスポーツ推薦ではなく入学した選手がレギュラーになり、頑張ってくれていたのも事実である。第五章に出てくる陶久は、その最たる選手である。彼は、一般推薦で入学し我がチームの主戦投手になりドラフト候補にまで上り詰めた選手である。

学内でそのような雰囲気が広まり、ある時ある学科の学科長から隠れSPを全部集めるように学生マネジャーを通して言われた。マネジャーは慌てて私に「どうしましょう」と言ってきたので何と言われたのか詳しく聞くと、「隠れSPを炙り出して、一言言いたい。また、その時に監督も部長も参加して欲しい」とのことであった。私は当時の野球部長兼任学部長先生にそれを伝えると、言語道断、そんなことはない。学生にそのように差別するのは良くない。とそのまま放っておけと言われた。しかし、そうも行かず野球部長先生はそこに参加しないということで、監督の私とスポーツ推薦以外で入学した学生たち20人近くを連れて、学科長室に出向いた。その学科長はその人数の多さに驚き「こんなにいるのか、隠れSPが」と言葉を吐いた。私はその時、同じ教育者としても恥ずかしく感じた。同じ教育者の中で学生に特別なレッテルを張り、同じ学生なのに特別な扱いをし、平等な教育を受けさせない。なんて恥ずかしい人だと私は蔑んだ。しかし、それはこの学部という組織の中では多勢に無勢、野球部が悪いという情報の錯綜、情報の操作がなされ選手たちは学部内で特別扱いをされるようになる。それもプラスの特別ではなく、マイナスの特別だった。これは組織にとってとてもマイナスである。この時の学部にとってもマイナスであると思った。受験方法は異なるが同じく入学してきた学生たちを違う扱いをするのだ。こんなことが組織でまかり通るのかと私は怒りを覚えた。しかし、現にそのような考え方を持つ人間がいる限り、これは覆せない。最初に言ったように、不条理、不道理は常なものである。そのあと私は選手全員を集め、その話をした。いつかお前たちが認められる時が来る。いつかそう言っていた人たちが間違いに気が付く時がある。俺たちは胸を張って生きていこう。胸を張って勉強をしよう。胸を張って野球に打ち込んでいこうとミーティングをした。これは、本当に教育の現場であってはならない悲しい出来事であった。

ただ、時が過ぎそのような風潮もなくなり、皆さんが野球部を応援してくれるようになった時ふと考えてみた。やはりそこには、私の傲慢さ、周りへの気遣い、周りへの謙虚な気持ちがなかったせいだったのかと今は振り返える。そういう現象を起こしてしまったのは、私の日常生活の態度が原因だったのかもしれない。後々良く考えると、その当時新しい学部ができ、学科の中のいろいろな競争、組織の中のいろいろな順位付けがあり、そこで生き残るためにそんな行動に出たのかもしれないと思った。反対にかわいそうなことをさせてしまったのかもしれない。これがいわゆる、組織の中のいじめの構造である。自分が組織に認められたい。自分が組織のある地位に固守したい。そこにかじりつきたい時にいじめの構造が始まる。自分の立場を守るために自分の立場より弱い人たちを攻撃することによって自分のいる場所を作る。往々にしてそういう人間は人間自体が弱い。だから考え方がマイナスに動くのだろう。弱い者をいじめて強く見せる。これがいじめの構造なのだ。

これはどの社会でも同じようだ。小学校でいじめっ子が弱い子をいじめる。その子自体が家庭に問題があったり、その子自体が自分の弱さに負けないようにするために自分より弱い者をいじめて、自分の立場を有利にするのだ。そして大人も一緒で、だからこそ組織作りにはそのようなことが起きないようにしなくてはいけない。みんなが平等に、同じように働いたり、主張したりできるようにしなくてはならない。今の日本の企業組織、教育現場、政界、子供、老人の習いごとのコミュニティ、世の中の人の集まる集団や組織において全てがそうであろう。弱い者が強いものに媚(こび)を売るために自分より弱い者をいじめる。そんなことはなくさなくてはいけないが、またそれが人間社会の現実である。野球部の中でもそのようなことが起きないように、1年生の仕事を手伝うように上級生には促している。社会でもそうなのだ。下を思いやり下のために気を遣うことにより、円満に仕事が回っていくのだと思う。本当にあの時のあの言葉に対して私は失望したが、そのようにしか生きられない弱い人間も存在するのであるから、組織作りの中でそのような人材を作らないことも大切である。

10　最下位

優勝するまでに6季を費やすが、それまでは常にリーグ4位でシーズンを終えていた。下位チームではあるが常にプレーオフ戦で優勝を争う。常に1位か4位かで、各チーム力が拮抗したリーグであった。一つ落とせば4位転落、一つそこから抜け出せば優勝。その当時、神奈川県から来た石井大輔という選手がいた。後に彼はNTT北海道の社会人チームに進む選手だが、左の小柄なテンポの良いピッチャーであった。その選手を軸に我がチームは快進撃を続けていたが、春のシーズンだけ、チームの雰囲気がよどんでいるような何となくチームに活気がないのを感じていた。シーズンに入る時に選手たちに「油断するな、強いと思うな、自分たちが一番弱いと思え」と話し続けたのを覚えている。しかし、案の定そのシーズンは最下位になってしまう。その最下位になった理由を良く考えてみると、選手に油断をするなと言いつつ、監督の私自身に油断があったのかもしれない。他チームよりも戦力が整っているし、普通にやっていれば勝てるというような慢心があったのであろう。だから、それが作戦に出てしまい、チーム全体にそれが伝わったのであろう。

あるリーグ戦で、その日の第一試合だった時のことである。私はその前日、翌年の選手勧誘で高校の監督さんに会うため、選手たちとは違う宿舎に泊まっていた。私が油断したわけではなかったのだが、翌朝、選手を宿舎に迎えに行く道中の高速道路で事故が起き、試合時間ギリギリの到着になってしまった。その頃は携帯電話もなく、選手たちに連絡する術もなかったため、何も知らない選手たちは監督が試合に間に合わない、バスを運転する監督がこなければ試合に出れないのではと不安になりながら、宿舎で私の到着を待っていた。私は宿舎に着くと、選手たちに「すぐバスに乗れ、すぐ行くぞ」とスタルヒン球場に向かった。球場に到着した時は、既に試合30分前であり、慌ただしく、アップ、ノック、そして試合が始まった。やはりその動揺は打ち消されず、エースの石井が不調だった。負けるはずのない下位チームに負け、そこから怒涛の連敗に入っていった。これが最下位の現実だった。私の油断、私の慢心。

選手に言っていながら私自身が準備不足であったこと。また、その準備不足が学生に反映してしまったこと。あの最下位の瞬間、私はとても反省をした。ただこの最下位はもう一つ要因があった。当時の戦い方が5回戦制なので、一つ負けるとチームを立て直すことができない。いかに早くその体制を元に戻すかが重要でシーズン中の休みにみんなにリフレッシュさせ、立ち直りを期待し、金を持たせ近くの遊園地の三井グリーンランドへ遊びに行かせた。しかし、それはリフレッシュにはならず、その時間が彼らの不安を増幅させてしまったのである。今までであれば、休みの時も練習をしたはずなのに、どこかで私も自分の弱さが出たのかもしれない。休養を与えること、休養してリフレッシュさせること。これが通常のチームであれば、効果的だったのかもしれない。しかし、まだまだ若いチームには気持ちの切り替えはできなかったのであろう。これは指揮官として大きな失敗である。自分の油断と自分の準備不足を選手が感じ取ってしまうという最悪の事態であった。これは組織も一緒で長たるものが油断をしたり、準備を怠ったり、いわゆるスキを作ることは、組織全体に不安を募らせ、組織全体がマイナスの方向にいってしまうことになると思い知らされた一つの実例である。長たる者、常に前を見て、長たる者、常に強い意志を持ち、組織の人間たちに伝え続けなくてはいけないのである。余談ではあるが、このリフレッシュの時間に私自身も心の精神統一と思い旭川市内の野外釣り堀に行き、半日を過ごした。時間ばかりが過ぎ一匹の釣果もなく、閉店時間になろうとした時、池の浮きに鈍い当たりがあり、明日への希望を託し、鋭く糸をたくし上げた。しかし、明日からの最下位の連敗を予感させる結果であった。なんと死んだ鯉の尾が引っ掛かり釣り上げたのである。その時の感触は今でも忘れない。

11　脱スパルタ

私は文字通り、スパルタで選手たちを鍛えてきた。それは最初に取ったスポーツ推薦選手を集めた時のことである。高校生を卒業仕立ての選手たちに言って聞かせた。「お前たちは勝つために集められ、勝つために入って来た選手だ、一部に上がるのは当たり前。一部で優勝するのは当たり前、そのために集められたのだ」と話をした。そして、みんなの前で私は宣言をした。「一部に上がるまではお前たちは勝つための俺の駒として使う」と宣言した。それは本当に壮絶なものであった。その当時その指導はまだ、許されていたが現在は絶体に許されないこと。また、今はそんな時代でもない。だからその時代の選手たちは本当に大変だったと思う。これが彼らの不条理、不道理であって、それに耐えることが彼らにとっての第一の試練だったと思う。いろいろなスパルタ指導をしてきたが、一番思い出に残っているのは、バントを失敗した選手をリーグ戦、試合の途中に外し、グランドの外を走り続けさせたことがある。私が良いというまで走れと言い、試合が終わり、反省練習も終了したので私は選手たちをバスに乗せて合宿所に帰った。大学の監督室に戻った時、その走らせた選手がバスに乗っていなかったことに気が付いた。慌てて試合球場の呼人のグランドに行くとその選手は黙々と走り続けていた。これがこの大学野球部のスパルタ指導の象徴であった。言われたことはやらなくてはならない。失敗をすれば罰を与えられる。罰を与えられれば良いと言われるまでそれを続けなければならなかったのである。多分選手から言わせてみれば地獄のような練習だったと思う。

これはなぜかと言うと一つの妥協を許すと、すべてが妥協になってしまうからだ。スパルタ＝しごきと思われるが、スパルタの根本にあるのは、ミスをしない心を作ることである。ミスの繰り返えしをしない選手を作るためである。それを身体で覚えてもらう。しかし、近年は人のミスを見て見ぬふりをし、自分のミスをどうにかして隠そうとする風潮がある。これは絶対に良くないことで、ミスはミスで認め、反省し、二度と繰り返えさないように自分に言い聞かせ、自分でできるようになるのが一番なのである。ただ未熟で子供の選手たちはそれができない。頭や意識の中で分かっていてもそれができない。それは人間の感情として、子供で幼ければ幼いほど、自分の経験からいろいろなことを見出すのであるが、経験値が低いためにその出来事を自分の経験の引き出しにできない、失敗の事実を自分自身の潜在意識の中に留めることが少なく、どうして失敗したのか、どうしたら失敗しないのかを何となく考えずに過ごしてしまう。その出来事を自身の潜在意識の中に強く留めさせるために反省のために走らせたり、失敗の出来事の修正練習を繰り返えしさせたりして記憶させるのだ。失敗を繰り返えす選手はそこが甘いため、引き出しが少ない。失敗を繰り返えさない選手は、多い引き出しの中からどれを選択すべきかを瞬時に判断し失敗を避ける。その引き出しを増やすことと、その引き出しの選択をさせることを身体に染み込ませるのである。私は選手たちに繰り返えし言った、「練習でたくさん失敗して覚えろ、他人の失敗を自分の失敗と思え」特に他人の失敗を自身で取り組むことはとても大切である。しかし、私のこの時までの指導、これは動物と一緒で嫌なことをやらされるから、それを覚える。いやなことをやらされるから、それをしないようにする。これではいつまでたっても、その潜在能力の中で自分の意志としてやるのではなく、やらされているという形になってしまう。これでは到底、上のクラスの選手にはなれない。

これは企業人もそうである。ミスをして、自分でそのミスを理解し、自分で処理し、その経験値の引き出しが増えることによってミスをしなくなっていくのである。企業人であればミスは許されない、ミスを犯せば即減給、解雇である。野球でもそうだが、新人で許されても、4年生では許されないことがたくさんある。それは経験値を求められるからである。これも社会に出たら必ず起こりうることであり、それが出来ない社会人は組織から弾き出される。それをしっかり覚えさせなくてはならないということが野球でも同様なのだ。

このスパルタの教育方法は、先ほども言った通り、ただ反射的にやることであって考え方が伴わない。そのため失敗を繰り返えす選手が多い。そんなことに気が付いた時、脱スパルタを思い切って断行してみた。投内連携の練習で何回やっても、何回繰り返えしても同じミスがでる。本来であれば、そこで罰走、ポール間を30本走れ、うさぎ跳びなどの罰を与えていたが、このやり方ではこの上のクラスには行けない、このやり方では上のクラスの選手は育たないと感じ、選手たちを集め、「俺はもう、お前たちに罰は与えて教えることをやめる。お前たちが自分たちでミーティングし、自分たちでやれることを考え、自分たちで何をしなくてはいけないのかを考えるように伝えた。それから1カ月間、私はグランドに出なかった。私がグランドに出ないということは、私自身も辛く私自身も試練であった。選手たちは初め、私がグランドに出て行かないので楽ができると考えたであろう。しかし、日にちがたつに連れ、リーグ戦が近づいてきた選手たちに焦りが出てきた。そして自分たちでやらなくてはいけないという心が芽生えていた。

私は大学の建物の最上階から、彼らから見えないように練習を見守っていた。彼らは彼らなりに考えいろいろな動きを何度も何度も繰り返えし練習していた。その時にやはり中心になるキャプテン、上級生たちがチームを引っ張り、チームがまた一段と大きくなれたように感じた。脱スパルタ。これは当野球部にも大きな転機であったと思う。ちょうどそんなことを優勝する1年前くらいからやり始め、選手たちが自分たちで考えることができるチームになり始めた。このようなチームになると、大人のチームになっていく。個々同士が注意し合い磨かれる。切磋琢磨し、伸びていったのだ。これが組織を作る時にも重要で、お互いがお互いを監視し合い、高め合い、認め合う。そんなチームが出来上がって来ていた。どのような組織にも失敗から皆で考え何かを見出し将来への飛躍に結び付ける。そして、与えられた仕事の中で、自分自身で改善や創意工夫をすることが必要なことだと考える。

12 常勝

野球部もいろいろなことを経験しながら、一つ上のクラスのチームに成りつつあった。ただそれは地方でのチーム像であり、これが全国の大会で通用するチームかというと、そうでもないことは少しずつ気が付いていた。道内では勝てるが、全国ではもう一つ上位に食い込めない。道内で常に優勝はできるが、もう一つ何か全国大会に出ても強さが発揮できない。何が足りないのか自問自答し、何が足りないのか考えた。常勝軍団、常に勝つことを義務付けられ、常に勝利を追いかけること。そのために努力を惜しまず全力で戦うチームカラーは定着しているが、それだけでは真の常勝軍団にはなれない。全国大会に行って常にベスト4まで入るチームが本当の常勝軍団だと私は思っていた。そこで、何をプラスしたらいいのか、何をどのように考えたらいいのか試行錯誤していく中で、あることに気が付いた。それは、チームの弱点、また自分たちの足りないところ、いわゆる自分の弱み、自分の弱さを知ることだと思った。常勝するためには、自分の弱さを自分で認め自分の弱点を認め、それを克服することが大切なのである。これは社会でも言えることである。虚勢張ったり、学習のない行動、これらは自信の裏付けには成らない。常にトップに立っているためには、自分の弱さを知り、克服するための努力をしなければならないと考えるようになった。そこで、私自身、監督という立場、指導者としての弱さを自分なりに分析することにした。

　私はもともと野球選手としては、大した実績もない選手であるから、技術に私の裏付けがない。選手としての経験値がない。そんなことを感じていた。それに気付いた時からプロ野球のキャンプを毎年春に訪れるようになった。特に守りぬく野球をやる広島球団に何回も足を運んだ。それは騒然な守備の練習であり、点数を与えないという意識の高い野球であった。そこには守備が弱いとか、守備が上手いとかではなく、その1球に対してアウトを取るという執念を感じた。これは企業人にも当てはまることだ。自分が任された仕事は、全力でそこに挑み、自分ができることをそこに全てぶつける。そんなことを考えながら視察に行っていた。常勝、常にトップ、で勝ち続けるためには、自分の弱さを知り自分のもろさを知り自分の弱さを味方にする。常に前向きに謙虚な姿勢で何事にも向かうことが必要だと感じた。またそれにプラスして必要なことは、自分たちがトップにいるプライドを持ち続けることだ。それは、ユニフォームの着こなし、グランドに出た時の姿、その一つ一つが常勝軍団として恥ずかしくない姿だと問い続けなくてはならない。他のチームが東京農業大学のユニフォームを見ただけで、勝てないと思うくらいの圧倒的なオーラを出し続けなくてはならない。そのためには自分がプライドを持って、このチームの一員だということをどこでも振る舞うことが必要である。これは一流企業にいる一流の企業人は自分の仕事、会社にプライドを持ち、そこにスキを作らず、確たる自分の姿を作る。その姿を見て、他のみんながエリート企業人として意識をするのだ。本学は北海道にいる限り、この地域の他のチームから強いチームと恐れられるが、まだまだこの頃は全日本に出場しても、北海道の田舎のチームと思われていたのであろう。こんな出来事があった。

その当時は、対戦相手をマネージャーたちがクジ引きで決めていた。当野球部と対戦が決まった九州地区の大学マネージャーが自チームに電話報告をしている。「やりました!!北海道の農大です」無論、私はそれを廊下で聞いた時、闘志が燃えその試合に勝利しました。

また、対広島商科大学との試合の時には、心無い相手側のベンチ外選手が、「田舎者、北海道に帰れ」とヤジを飛ばした。私はそれを忘れはしない。私はそれを聞き逃さなかった。試合後、連盟を通して、そのような汚いヤジを飛ばす選手が相手チームにいたと抗議した。相手チームはそのようなことはないと思うが調べると言った。私は北海道の代表というプライドを持ち、北海道の代表だからそのような罵声をも許してはいけないと思った。その後、調査の結果、その発言を選手が認め謝罪の文書と謝りの言葉を頂いた。

この時、初めて全国でプライドを持った北海道のチームだと認識されたと確信した。それは全国大会の反省会の中でも、そのような報告がなされ、全国で認められたことであった。自分の弱さを知り、弱点克服の努力をすること。自分にプライドを持つこと。そして、それに恥じない知識を身に着けること。これが常勝するための絶対条件であり、またこれも企業人として必要不可欠なことである。

13　東北の壁

東京農業大学生物産業学部の野球部が属する北海道学生野球連盟は当時、札幌連盟と決定戦を戦い、北海道代表チームがその後、東北・北海道優勝決定で戦い勝利して、初めて東北・北海道の代表大学として神宮大会に出場できた。現に東北代表として参加することの多い東北福祉大学が選手権準優勝、我がチームは選手権ベスト8と春の全日本選手権でも上位に食い込んだ両校の熾烈な戦いを強いられる代表決定戦だった。この正式大会名は東北北海道王座決定戦と称されていた。全国大会に常時出場できるようになっていたが、やはり神宮という名前が冠についている神宮野球大会に出場することがもう一つの目標であった。長年、東北福祉大学という北日本の覇者がおり、ここは今でも有名で、プロ野球選手の輩出数が日本第一位。北日本では全国優勝を何度も経験している強豪な有名校である。その当時の伊藤義博監督は、すでに亡くなられているが、偉大な監督であった。私が北海道に行くときに最初に相談させて頂いたのがこの監督だった。

また、私の高校の恩師である浅賀孝治先生は、母校の日本学園で監督をしていた時に部長として私を支えてくれた偉大な先生である。というより、私を野球に導いてくれた、私の高校時代の監督でもある。少し余談にはなるが、私はそれなりに中学時代も有名な選手の一人ではあったが、それほど際立つキャリアもなかったが、日本学園に入れて頂き、浅賀先生の元で野球に励んだ。その時に野球の面白さと大変さを学んだ。特に人間の繋がりを大切にすること、人（選手）を愛することをとても学んだと思っている。私の原点といえば人を愛することが原点だと思う。東京農業大学に入学することにしたのも浅賀先生と当時日本学園の理事で東京農業大学学長でいらっしゃった鈴木隆雄先生の勧めがあったからである。鈴木先生にも大学在学中から大変お世話になった。高校3年次には幾つかの大学からも誘われていたが、両先生の勧める大学に行くことを私は素直に受け入れた。それはなぜかというと、将来この日本学園で監督をし、俺の後を継ぐようにと言われていたからだ。人情味あふれる先生で、父親を幼い時に早く亡くした私が本当の父親と思い慕っていた。自分を犠牲にしても人を愛することを教わった。片親であった私を毎日ように自宅に呼んでくれ、食事をもてなしてくれ温かく家に迎え入れてくれた。私はそこで父親の愛を知った気がする。

話が脱線したが、その浅賀先生の野球繋がりの人を介して伊藤監督を紹介して頂いた。私が世田谷でコーチ時代、北海道に異動するように学長に言われた時に浅賀先生に相談したところ、東北福祉の伊藤監督のところへ行って来いと言われ、紹介者を介して、伊藤監督と面談する機会を得た。伊藤監督は優しく私を迎え入れてくれ、東北福祉大のグランドに来るようにと言った。前々年度に全国制覇を成し遂げた監督に会うことになるのだが、最初にあった時、その眼光の鋭さにたじろいだのを覚えている。野球以外の話をする時は優しい目で語っていたが、野球のことを語る時には、動物が獲物を狙うような目に代わり淡々と野球の話をしてくれた。その時、伊藤監督も東北福祉大学を強くするために大阪から来たこと。いろいろな苦労話やエピソードを話してくれた。そして、そこから花を咲かせることの大変さも話してくれた。監督から別れ際に「これからは地方の時代だ。樋越、俺は東北を統括しているが、北海道の未知なる土地をお前が開拓して来い。北海道で日本一を狙えるチームを作って来い」と言われた。当時、東北福祉大は入部希望者が何百人も集まる地方の名門大学である。地方の大学の知名度を上げたのは、伊藤監督ではないかと思う。現に東北福祉大という地方大学が全国でベスト4、準優勝、優勝を何年も繰り返えす。高校生は六大学や東都大学に集中していたのが、地方にばらけだしたのだ。私はその言葉に後押しされ北海道に行き、今までのこと、経験や指導者としての実績をかき消しガムシャラにいろいろなことをゼロから挑み失敗や成功を経て常勝軍団の監督になっていた。しかし、神宮大会に出るためには、伊藤監督率いる東北福祉大を破らなければならなかった。何度も何度も挑戦するが、何度も大差で負けてしまう。そのようなことが何年か繰り返えされていた時、ついにうちのチームが東北福祉大を倒せるだけの戦力が整い始めていた。

それは、のちにオリックスに進んだ徳元投手、後にヤクルトに入団する福川捕手など何人かの実力のある選手が増え、互角に戦えると私は確信を持ち、北海道の代表として東北福祉大に戦いを挑んだ。福祉大との決定戦では、案の定投手戦となり激闘が続いたが、2対1の接近戦で負けた。その時、東北福祉大の選手の喜びは、涙しながら抱き合い、涙しながら勝利を喜んでいた。その姿を見て、ついにこのレベルまで、我がチームも強くなったのだと感じた。その年、東北福祉大は神宮大会で圧倒的な強さでベスト4まで勝ち進み、このチーム相手に2—1の激闘を戦った我がチームもそれなりの力がついているのだと感じた。しかし、東北福祉大は全国大会で勝つために集まった者の集団で、高い意識とプライドを持った日本を代表するチームだ。ここで負けてたまるかという意地があっての勝利だろう。だからこそあの涙、あの歓喜が自然と出たのであろう。

先にプライドの話もしたが、うちの選手は北海道代表としてのプライドを持ち始めていたが、東北福祉の彼らは日本の代表としての強いプライドを持ち、このプライドの差が、この勝敗を分けたように思う。だからこそ、我々に1点差で勝った時に抱き合い、自分たちのプライドを守り切ったことに涙したのだと感じた。また、一つ上のプライドを構築しなくてはと思い、そのプライドが自信になり力になるのだ。人間、自分を高めるためには、やはり自分に対してプライドを持たなければならない。小さな器のプライドではなく、大きな器、大きな世界で意識すること。小さな中にいつまでも閉じこもっていたら、それは自己満足でしかない。目標を高く持ちそこに向かって突き進み、その突き進む努力、その努力することがプライド、自信に繋がっていくのだと思う。

14　世代交代

この世代交代は新しいものが世代交代するのでなく、いわゆるチームのレベルを世代交代させる、一皮剥ける、脱皮するような世代交代を意味する。我がチームも東北福祉大と肩を並べられる位、北の名門と認知され、全国大会に出場する大学になっていた。もちろんこの頃には全国大会で我がチームと対戦が決まるとしめたと思う大学はなくなっていたが、東北福祉大の壁が破れない。さらに全国大会のベスト16、ベスト8の壁が破れない状況が続いていた。

そこで私はもう一つ、いやもう二つ上のランクの力を持つ選手集めに奔走した。そこで一番印象的だったことは、２０１７年に私が農大世田谷キャンパスの監督に成るために北海道オホーツク硬式野球部の後を引き受けて監督となって指導している三垣勝巳だった。三垣との出会いは、彼がＰＬ高校に入学して間もない夏の大会前の練習であった。私はその当時、一月に2度ほどＰＬ学園のグランドを訪れ、中村順司監督のもと選手の勧誘を続けた。三垣の前に何人かＰＬの選手が私の下に来てはくれていたが、ＰＬ学園では、二番手・三番手の選手であった。だが、その選手たちも本学のチームで核となり活躍してくれた。特に三垣の1年先輩の中辻は、キャプテンとして裏方に徹しチームを支えた。チームを統率する力、人間を動かす力はずば抜けた選手だった。今は野球を離れ家業の不動産業で活躍しているが、やはりそのような人物なので、大阪で成功している。この選手がＰＬ学園から三垣を連れてくる大きな要因になったのは事実である。彼を慕ってこの北海道、網走の地に来てくれたのである。また、中辻の父親である中辻正勝さんには第一章で紹介した四分一さん同様大変お世話になった方である。三垣との出会いのことは強烈に記憶に残っている。

グランドでその当時の野球部長である井元俊秀先生に、将来的に我がチームの4番を打てるような選手を紹介して欲しいとお願いした。その時はＰＬ学園に通い続けて3年経っていたが、レギュラーをくださいとお願いしたのは、これが初めてである。その時、井元先生が、「4番か、4番を打つだけならこいつが良いか」（4番を打つだけに違和感を持った）と言って指をさした。その方向は、グランドネットの外で球拾いをしながらスイングをしている1年生たちだ。その中に三垣がいたのだ。井元先生が三垣を呼べと一言いうと、その言葉が伝達され、三垣がライトネットの外からホームまでダッシュで走って来た。その時の彼の顔は強く印象に残っている。目力の強さを今でも忘れてはいない。三垣、ちょっとバッティングしてみろ、と言われた三垣は、「はい」と返事をし、上級生に促されてゲージに入ろうとしたが、彼は何か慌てていて金属バットではなく、そのゲージの後ろにあった、1、3キロのマスコットバットを持ち、バッターボックスに立った。大学に入学してからその慌てた理由を三垣に尋ねてみた。すると、メンバーにも入っていない新入の一年生がレギュラーとともにバッティングするなどあり得ないこと、先輩の使っている金属バットを使用するなどあり得ないこと、そのため三垣は慌てて1、3キロのマスコットを握ったのであったと聞いた。そして、彼はそのマスコットで5球を打った。5球のうち3球が柵を越え、強烈なパンチ力と怪力を私の前で見せた。5本打ち終わると、「ありがとうございました」と大きな声で言い、バットを丁寧にあった場所に戻し、全速力でライトに走って行った。今でも目に焼き付いている彼の後ろ姿を見ながら、この選手が3年になったらください。と井元先生に告げた。井元先生はあれで良かったら良いよ。守れないし、走れないよ。特に足は遅いよと言われた（ここで先ほどの違和感は解けた）。しかし、私の目の前で打ったあの打球、あの長距離ヒッター特有の放物線を描くホームランに私は確信した。この選手がチームに来たら、4年間4番を任せると。それが彼との出会いだった。私はそれから2年半、PL学園に通い続け彼を見に出向いたが、そのようなことを彼は少しも知らずにいた。井元先生のご厚意でご両親にも早い時期に会わせて頂いた。

そこで印象的だったのは、お父さんが身体を壊し車椅子でしたが、元は武道家だったそうで、勝負師を想像させるするどい目をされていた。私は、ご両親に私の夢や五つの誓いの話をした。そして、誓いを達成するにはどうしても息子さんの力が必要であり、大学生活だけでなく息子さんの将来も面倒をみるので預けて欲しいと話した。その心が通じたのか、お父さんは涙ながらに「監督に全て預けます」と言ってくれた。彼は2年の初秋にはほぼ、農大に入ることで話が進んでいた。そして彼は3年の時に、甲子園大会で松坂大輔と死闘延長17回を戦い、今でも高校球界の歴史に残る戦いをし、その時の中心選手の一人となるが、そこまで三垣が育つとは誰も思っていなかったように思う。しかし、彼は私の考えたとおりに成長し、PLの中心選手、PLの心の支え、PLの影のキャプテンと言われるまでに育っていたのだ。

彼は人望も熱く、また打つことに関してはＰＬの選手の中でも群を抜いていた。そして彼が甲子園を終え、オホーツクキャンパスに見学に来た時は、どこに連れていかれるのか、どのチームに入るのかは全く知らせていなかったらしい。後に彼の話を聞くと、１年生の時に変なおっさんが度々来ているけど、どこのおっさんや？　と疑問に思っていたらしい。３年間、私が北海道の東京農業大学の野球部監督とは誰も知らず、ただ熱心に来てるおっさんがいるなあと思っていただけだったとのことだった。変なおっさん扱いで選手たちは見ていたので、三垣自身、まさか自分がそのおっさんの元で野球をするとは、全く頭にはなかったようである。無論彼は、親から促され承諾し、何も知らずに来た。そして、私が最初に思い描いたとおりに、彼は入学後１年生から卒業の４年まで、４番を打ち続けてくれた。

この田舎の大学に、ＰＬ学園の中心選手で、松坂大輔と死闘17回を戦った金看板をぶら下げて入ってくれた最初の選手なのである。過去にも甲子園出場の経験を持つ選手は何人も入部していたが、あくまで甲子園に出た、甲子園ボーイはいたが金看板を背負ってきた選手は三垣が最初だ。

また、三垣と同様に沖縄水産高校の稲嶺。彼は後のダイエー、現在のソフトバンクホークスの選手となるが、新垣渚投手を軸に甲子園ベスト4まで勝ち上がったショートの選手である。この選手も全国大会で輝き全国レベルのトップの選手であった。当時沖縄水産の監督、今は亡くなられましたが栽弘義先生との何十年来の親交の中で初めてレギュラー選手を送って頂いた最初の選手である。

稲嶺も同様に、九州、大阪、東京などいろいろな大学や社会人チームから誘いがあったらしいが、彼自身が本学の練習に参加して、うちの野球環境や自然の恵みに魅せられ感動し、来ることに決めたらしい。稲嶺は、沖縄水産で札付きの悪ガキ。しかし、その世界から抜けて野球に没頭したいと思い、知人がいなく、沖縄とは全く違う環境で、遊ぶ環境もなく自分を追い込める場所を探していたと言うのだ。北の最果て、オホーツクの我チームの環境がそれだと思ったのだろう。彼は文字どおりに勉強と野球に没頭した。それは壮絶で、全体練習が終了してもグランドに残り、同級生の青木にノックをしてもらい午後11時近くまで毎日毎日何百本、何千本とノックを受けていた。彼のその努力は並大抵のものでなく、168センチの小柄な選手だったが、その努力が認められ、また彼独自の野球センス、彼の俊足の二つを武器にプロ野球界に進んだ。

努力すること、素質を持っていたことなどそんな2ランク上の選手二人にその他優秀な選手が集まっていたことで初めて全国で戦える、全国で優勝を狙える人材の確保に成功したと考えた。彼ら1年生との初めてのミーティングで私は、明言した。お前たちの時代、お前たちが上級生に成るまでに、必ず全国制覇したい。そのために集めた選手だから、そのために努力を惜しまず頑張って欲しい、そして彼らも必死に野球に打ち込んでくれた。これも組織作りの中で大切なことで、組織をワンランク、2ランク格上げするには、それに見合った人材を確保し、育成することが必要だ。それがチーム力、組織力の向上になるのだ。彼らはこの後、全国大会8連続出場という偉業を成しとげた。その当時、13年連続出場の大学があったが、それに追従するのが我が東京農業大学生物産業学部だったのである。このリーグ戦8連覇はこの2ランク上の選手が来て延ばせた記録だと思っている。

15　人選

組織に必要不可欠なのは人材であり、人間育成である。最も、大切なことは人材の資質である。いくつか必要な人材のことについて、ここまで触れてきたが、ここで書き記したいのは指導する側の人選のことである。野球を指導する中で、戦術・心・生きる力は監督の私が教えられるが、技術を教えるのはコーチである。また学生と長い時間を一緒に共有しているのがコーチである。学生の行動、心、動きをつかさどるのはコーチに委ねられる仕事である。

このコーチの人選については、チーム作りの中では一番難しい。また、その組織を格上げするためにはコーチの人間性が重要だ。過去に私の元でコーチをした人間は4名ほどいるが、すべて私の教え子だった。大学の教え子3人と、高校の教え子1人である、人選に正解はないと考える。良かれと人選しても環境や状況で良い結果にならない時もある。本当に難しかったと今でも感じている。この4名は、それぞれ個性を持ち良い人間であったが、私の中でいくつかのズレを感じていた。前者の教え子たちは、人格もよく選手たちを裏方として良く支えてくれていた。1人はキャプテンでもあった、この3人の教え子の卒業生にコーチを任せたが、一つ大きな失敗を感じていた。

大学を卒業し大学のクラブの中でしか育っていない。いわゆる、純粋培養である。うちの組織、うちルール、うちの決めごとしか知らないのである。であるから、トラブルの大半は先輩が後輩に言う、コーチが指導するのではなく、要するに先輩と後輩の枠を外せなく、絶対服従の関係になってしまう。そのせいで、一般的な上司と部下のような関係にはならず、一方的な指示命令にしかできないのである。結果、意思の疎通もできない、間違った指導に陥ってしまう。指導される側も4年生であれば、ただコーチの名前が付いただけの一学年上の先輩、学年が異なれば2年、3年上の先輩として接してしまうのである。だが、コーチは卒業と同時に私と同じ立場になったと勘違いに陥り、指導者兼先輩のような誤った感覚になってしまい、組織の中である時は指導者、ある時には良き先輩、ある時は上級生となり組織の中で曖昧な立場で妥協を生むことに繋がってしまうのである。指導の意味も考えない、先輩が言っているからやる……といったような安易な行動になってしまうのだ。その辺りが指導者として上手くいかなかった原因だと考える。ただ、教える側に回ったコーチたちはいつの間にか、特別な力を持ったと勘違いしてしまう。教えてもらう選手側は、単なる先輩にしかならないので、両者に心のギャップが生じ、溝が生まれ不協和音が起きる。私は、卒業生をそのままコーチに登用する安易な方法を取ったことを今、反省している。

組織にはやはり、違う組織を見て、働き、違う組織の考え方やルールをもった人間を入れることも必要なのであると痛感した。もう1人、高校時代の教え子をコーチに迎い入れた。そのコーチは私が高校監督時代にキャプテンも務めた教え子だった人間である。大学は他大学で活躍、社会人野球へ進んだのだ、私の片腕であったと思っていたが、同じように野球部での存在が先輩、後輩になってしまい、うまくいかなかった。このコーチは特に学生を支配するような指導になってしまい、自分の方針、言うことに従わないとメンバーで使わないと平気で選手に言っていたようである。私も彼に全てを任せてしまっていたので、それに気付かず過ちを犯してしまった。信頼をしているからこそ、きめ細かい話し合いをし、自分の指導方針や考え、どんなチーム作りをしたのかをもっと伝えればよかったと思う。そのコーチがいた時は、その当時の現役選手たちには本当に苦しい思いをさせてしまった。私とコーチの間に入り、随分と不条理、不道理を感じさせてしまった。何よりそれに私が気が付くのが遅く手遅れに成ってしまった。私を慕い北海道まで来てくれた多くの選手たちが、ここを辞めて去っていったのは事実である。

このコーチの人選、いわゆる中間管理職の人選はとても難しい。私の意思を継いで、私の意思を選手に伝え指導してもらう、そういう人間を私が育てなければならないのだが、前者の卒業した純粋培養のコーチたちは、先輩、後輩のままで指導者になる。後者の場合は、一度違う組織にいたのだが、その組織、その世界しかわからない、また指導者の私と近い関係で深い理解がないまま全権を委ねてしまった。この人選を間違うと、組織を破壊、ゼロにしてしまう恐れがある。中間管理職の人選には、かなりの見極めが必要で何年も時間をかけて育てなければならないと思う。また、私自身が常に指導する側とされる側双方に深い関心を持つことと、現況を把握する大切さを知った。組織を管理するためにはこの中間管理者の人選も大切なことである。

第四章　組織の落とし穴

枯れ葉舞う厳寒の前ぶれ

16　孤独

平成16年にアマチュア野球界でプロドラフト制度の大きな改革があった。それまでの自由競争制からいろいろな規制が厳しくなり、アマチュア選手に対する接触や事前交渉等に付いて大きく変わったのである。私もその当時10名近くのプロ野球選手を輩出していたが、そのことで私はマスコミから、あらぬ批判、中傷、誹謗にみまわれた。それにより、大学内での私に対するバッシング、非難が勃発した。

当時の学長先生から一時的に野球の現場から離れるように命じられた。マスコミの中傷は根も葉もない噂や作り話だったが、その報道で周囲の人間は一変した。今までの支援者や味方と思っていた人たちが手のひらを返えしたように、私に対し態度を一変させ、あらぬ噂を立てるようになった。それは昨今の子供の世界で俗に言う「いじめ」そのものであった。理由なき出来事から、一人の人間をコミュニティから押し出そうとする。これは如何して起きるかというと組織の中で見えない序列、上下関係があり、さらに自分の野心がそこに加わると自己の欲望が先に立ち、追い詰める相手を階級から引きずり落とし、組織そのものから抹殺しようとする。自分の欲望を満たすべく、地位を得る。それは、本当に悲しいことであると私は思っている。何か不正・問題があるのなら仕方のないことだが、この時、私は、身に覚えのないことでマスコミに叩かれ、このような不条理な扱いを受けた。

しかし、その時に本当の味方、本当の支援者を知ることになったのも事実である。私に至らないところがあってのことと今は冷静になって考えられるが、その当時は、人間不信に陥り入りそうになっていた。しかし、その中でも私を信じ支えてくれる教え子たちや同僚、関係者がいて、とても励みになっていた。また、一時的にその立場から離れることによって自分の傲慢さや、未熟な部分を見つめる時間になった。ただ、人間は弱い。孤独に耐えられず、誹謗中傷に流され組織から押し出されてしまう人が多いと思う。組織作りでは、何らかのミスや問題が起きた場合、周りの人間たちが問題を共有し、その問題を理解する。事実をしっかり確かめ、1人の責任にはせず、問題点の解決に取り組むことが大切だろう。

私の場合、この出来事が起こる前に問題とされた事案について、当時の学部上層部を含め7人と会議にて事前報告や相談をしていたが、この事実は一切認められなかった。さらにそのうち4人の上司たちは「会議を行った事実すらない」と言い切ったのだ。その中で、唯一この会議が行われたことを認めてくださった教員がいた。大変な勇気のいる行動だと思ったが、信念を曲げずに事実を述べてくれた。それにより色々な疑惑から真実が浮き彫りになり、最終的には救われたのである。この件で私が元の組織に戻るまでに3年の月日を費やしてしまった。無駄な時間。野球部がより強くなる大事な時期だっただけに、本当に残念な出来事だった。私が離れた3年間で野球部も衰退し、強豪チームの名も薄れ始めていた。何より私を慕い信じて入部して来た選手たちを育ててやれなかった悔しさが大きい。これは組織の中では、あってはならないことである。

自分の周りや、組織の中で自分がどのようにみられているのか、上司、部下がどのように自分を思っているのかを常に考えること、これを見落としてしまった私も未熟で愚かな人間であったのかもしれない。自分の組織での立場と役割それを考えた上での組織内のスタンスをしっかり持ち、いざという緊急事態に備えなければならない。私にとってこの3年間は孤独ではあったが、学ぶことはさらに多かった。私自身、自分自身を見失っていたのかもしれない。組織が成功し拡大した時こそ自身を見直すことの大切さを知った。この3年間が私の五つの誓い達成を10年遅らせたように思う。しかし、このことがあったから、今の私の指導者としての挑戦を続けさせて頂いていると感謝もしている。

17 充電

先に述べた3年間は充電の期間でもあった。初めの1年間は世田谷キャンパスに戻り事務職員として仕事に没頭し、大学全体の組織をもう一度勉強する機会になっていた。自分が組織の中の一員として何が足りなく、どの分野の勉強が不足しているのかを見つめ直せたのだ。大学職員として長い間勤務しているが、この1年間が本当の職員としての在り方、組織での仕事の仕方を一から見直し、勉強できたように思えた。また、翌2年目には、オホーツクキャンパスに戻り野球部の衰退している現状を客観的にみることにより、何が原因で、何がチームに必要なのか、そして復活させることが可能なのかを外から冷静に考える時間になっていた。1年は大学職員としての勉強に、残り2年間は職員として業務の実績を積みながら、同時に野球部を外から見守る日々であった。しかし、その時間を過ごすことで、未来の野球部のチーム作りを考え、勉強することができたと思う。特に外から見ると崩れかけてきている組織の原因が、人間関係の繋がりや、人間たちのつまらない保身や虚勢等、全て見えてきたようにも思う。

また、組織を少し離れると、自分の本来成すべきことが見えてくる。野球では、当時まだ小学生だった息子と室内練習所を夜間借り、野球の練習をさせてもらっていた。その当時、運動推薦入試ではない一般受験で入学し、野球部に入部した小山という私がオホーツク農大で現場を3年間離れる時、最後に関わった選手がいた。彼は夜間の室内に来て、毎日夜間の自主練習をコツコツとやっていた。技量的には優れた選手ではなかったが、その勤勉さと真面目さは、私が離れる前から光っていたことをその時に思い出した。他のみんなが練習終了でそそくさと寮に帰り、自由な時間を過ごす中、彼は毎日のように個人練習に来ていたのだ。黙々と練習し、自分のやるべきことに力を注いでいた。

小山のことがきっかけで、私は復帰してから、夜の室内練習場を9時過ぎ、10時頃の2回見に行くことを習慣にした。あの時の小山のように、地道な努力をする選手に期待していたのだ。小山は最終的にレギュラーには成れなかったが、チームの中で愛され、親しまれ、チームの力になっていた。チームに花形プレーヤー、華のある選手が必要であるのはもちろんなのだが、根底を支える地道な存在がいることこそ重要で、その人材を育てることで野球部の再建に繋がるのでないかと思っていた。外から見れた3年間は大きな私自身の財産になったのかもしれない。さらに慣れた組織にいると、見落としや、見えるものも見えなくなったりすることがある。だからこそ、自らあえて外から見る余裕を持つことも必要なのである。客観的に組織を捉え分析することも大切である。

第五章　再建の力

グランドでドラマが生まれる

18　新たな挑戦

3年の充電の時期が過ぎ、学長の命で野球の現場に戻ることになった私は、3年ぶりに現場復帰。新たな出発に私は身が引き締まる思いだった。戻ってみると選手の質も落ち、それに伴ってチーム力も落ちていた。再建には相当な時間がかかるような気がしていた。しかし、思ったより早く再建が出来たのは、その当時のキャプテン、比嘉の統率力があったおかげだと思っている。前にも書いたが、組織で統率力がある人間がリーダーだとチーム力はさらに強い力を発揮できるからだ。この比嘉は小柄で華のある選手ではなかったが、いつも明るく、チームのみんなに声をかけ、笑顔を絶やさない選手であった。私がチームに戻った時には、半分腐って、やる気がない選手、力を出し切れずにいる選手など様々だったが、すぐにコミュニケーション不足が原因ではないかと感じていた。

そこで、私は、いろいろな選手に声を掛け、なるべく多くの選手と話をした。幸い最上級生たちは、私が一旦野球部を離れる時に関わっていて、大学に誘った選手たちだったのですぐに打ち解けることができた。比嘉は、その中でも独特な選手で、人を引き付け、場を和やかにする雰囲気を持っていた。先に述べた三枝キャプテンと共通した統率力を持っている選手である。とにかく比嘉の統率力は凄い。

今まで腐ってそっぽを向いていた選手にも、チームの勝利に対する協力を促し、その選手が自ら協力するように仕向ける力を持っていた。組織を再建しようとする中で、一番大きかったのはこの統率力であり、さらにそれを発揮できるチーム環境を作り出すことも大切だった。特に組織が崩れる時は、ルールを守れなかったり、やるべきことをやらない人間が存在することだ。個々が自分の主張、勝手な行動を取ることでチームが乱れ、それによって時には力がある者でさえそちらに引っ張られてしまうのだ。それがチーム力の低下につながり、勝てないチームになってしまうのだ。私は何人か腐ってしまった選手に何故起用されないのか、レギュラーになるための努力をすることの重要性を説き、努力は無駄に成らないと教えた。前章で出た小山などを起用したりして、燻っている選手たちの力を光らせることに専念した。このことにより、チームはまた蘇り、比嘉キャプテンの元、部員皆が輝き始めた。新たな挑戦の第一歩が始まった。組織に必要なのは人材であることは何回か述べたが、やる気の無くなる人材を作らないこと。目標を持たせ努力することの大切さを感じさせる環境を作ることも大切である。

19 初出場

我がチームが神宮野球大会になかなか出場できないのには、やはり東北の壁が重くのし掛かっていた。しかし、この頃には我がチームの全国の戦績が評価され全日本で北海道チームの実力が認められ、ついに東北とは別に北海道出場枠が与えられた。北海道の2リーグの優勝校が決定戦を戦い、代表校として1チームが出場できることになった。神宮野球大会とは、冠に野球の聖地「神宮」の名のついた誇り高き大会である。何度も挑戦してはいたが未だその出場権を勝ち取ってはいなかった。あれは再建から2年が経った時、本当に私の再建、復活を物語る勝利だったと思っている。

この神宮初出場は、これまでのいろいろな努力、苦労が身を結んだ結果であると思った。この時のチームは投手力が高く、投手がチームを引っ張っていた。再建に取り掛かり、最初採ったピッチャーたちだった。実力のあるピッチャーはたくさんいたが、その中でも抜きんでていたのは左の飯田だった。卒業後はソフトバンクホークスでプロ選手になり、今年阪神に移籍し活躍している。そして、もう1人は右の陶久。彼は社会人野球のセガサミーに進みエースに期待され、現在も選手として活躍している。この2人はとても対照的であったが、素晴らしい働きをしたピッチャーだった。飯田は神戸弘陵高校の3番手ピッチャーで、当時高校のグランドで見た彼は背が高く細い選手で、どこか世の中をすねて見ているような印象でアウトローの選手だった。力はあるが、彼よりも優れたエースピッチャーがいたためにその影に潜んでいた選手だった。しかし、彼と話した時、彼の眼の奥に「俺は負けない、絶対ここから伸し上る」という秘めた闘志を感じた。私の「北海道で頑張ってプロを目指せ」という誘いに同意し、大学野球に打ち込んだ。そして4年間、その強い意志を持ち続けたからこそ、彼はプロへの道を勝ち取ったのであろう。いっぽう右の陶久は、北海道の田舎の高校で野球に打ち込み、ある意味自分の素質にも気が付いていないような純朴な選手だった。飯田とは対照的な優等生で真面目。全く擦れていない高校生だった。彼は北海道の強豪校である東京農業大学の野球部を自ら選び来てくれた選手だ。その当時の彼は、ここの野球部には選ばれた選手以外は入れないと聞いていたらしい。それでもキャンパスの環境や野球部の施設を見学したい気持ちが強く、大学主催のキャンパス見学会に参加していた。当時、私の部下であった濱屋という職員が、オープンキャンパスに参加していた彼や家族に会い強く野球部への入部を希望してることを聞き、当日不在で直接会えなかった監督の私にその情報を伝えてくれた。是非連絡して彼を見て欲しいと熱心に言われたこともあったが、私はそれ程大した選手ではないだろうとタカをくっていた。しかし、その後、練習に参加し来校した陶久を見た時、そのブルペンでの立ち姿、球筋に驚き、彼の素質に「掘り出し物」と思ったことを覚えている。まだまだ未完成ではあったが、プロにも行けるのではないかとさえ予感させた。この2人が両輪となり、お互いに意識し合い、切磋琢磨した結果、彼らが3年の秋に神宮野球大会への切符を手にすることになる。統率力のある比嘉キャプテンを中心に、本当にみんなが一丸となって頑張っていた。

この神宮野球大会を決めるリーグ戦が始まった頃、実は飯田は肩の腱を痛め壊していた。しかし、彼は、それでもチームのために投げると言い、1人で何試合も投げてくれた。陶久もそれに負けずに何試合も投げてくれた。飯田はリーグ戦の後半も肩の炎症を抱えていたが、代表が決まる北海道王座決定戦で肩に注射を打ちながら投げ続けてくれた。試合の前日に「お前の選手生命が無くなるかも知れないが、投げて欲しい」と私が伝えると、彼はニヤと笑い「大丈夫ですよ。俺が行きます」といった。

この時、私は彼を「必ず野球で飯が食えるようにしてやる」と心に決めた。

1勝1敗で迎えた3戦目、彼は5回まで炎症した肩で投げ切ってくれた。壮絶な投球。試合開始前に球場のトイレで痛み止めの注射を左肩にし、3回に再度注射し、何とか5回までを0点に抑えてくれた。投げ切った飯田が私の前にきて「すいません。もう肩がブヨブヨしています」と告げた。それは多量の痛み止めを射ったためにその感覚になっていたのだろう。その後は6回から、陶久が必至に投げ続け、第3戦目をこの2人の投手で勝ち取ったのである。陶久は丁寧に、一球ずつ、ワンアウトずつ、1回ずつを淡々と投げぬいた。おそらく陶久も、飯田に負けないくらいの熱い闘志を燃やし投げ続けていたのだろうが、表面には出さず、飯田からの思いを繋ぎ投げぬいたことは確かなのだろう。そして見事、初めての北海道代表となり、神宮野球大会への出場を決めたのだ。これは、私の野球人生の中でも、強く心に残っている1戦である。神宮野球大会に行くと、飯田は肩の故障でまったく投げることが出来なかったため、その思いを継いで飯田のためにも頑張ろうと全員が奮起した。陶久は飯田のために熱投した。結果、僅差で負けたのではあるが、陶久は7回から暑さで足が痙攣を起こしながらも9回まで投げ切った。選手の頑張りを思うと、本当に無念な惜敗であった。しかし、神宮で負けはしたが、その試合が終わった時に選手全員が晴れ晴れとした顔になっていたのを覚えている。これが神宮野球大会初出場の思い出である。ここで私はやればまた再建ができるのだと確信した。腐りかけた組織でも、一から選手たちと向き合い、そして根気よく作り直せばいいのだ。こんなに素晴らしいチームが出来たことを考えると、何事にも当てはまると思う。組織を作るということは、人に真剣に立ち向かい、いろいろな人間が自分の特性を活かし、組織を成り立たせてくれるのだ。

20 新たな血

野球部も神宮野球大会への出場も果たし、リーグ戦の連続優勝も出来るようになり古豪復活と新聞記事でも書かれるようになった。しかし、私の中で何か一つ足りない。何か物足りないという気持ちが芽生え、それを自問自答する日々が続いていた。そんな中で選手を指導している時にふと気が付いた時があった。私は、現役時代、野球人としては大した選手ではなかった。しかし、いろいろな人の支えや手助けでこのようにアマチュア野球、学生野球の監督として31年近くやらせて頂けている。考えてみれば、私の指導の裏付けは私が球拾いとして外から見てきた野球、野球観、技術指導だ。私には技術がないことは十分自覚していたので、自分なりに勉強はしていた。学生野球で著名な監督の指導法を伺いに行ったり、高い技術を持つ選手の話を聞いたりした。特にプロ野球の広島、オリックスのキャンプは何回も足を運び、プロの指導者の一言、しぐさを盗み見て自分のものにし、選手の指導に活かしてきた。また最近は、ソフトバンクホークスの春季キャンプでの一軍、二軍、三軍の同施設内のグランドで行われている、別々の練習メニューや、きめ細かい技術指導を見学し勉強していた。だが私自身がそれを体験したわけでも無いし、私自身ができるわけでもない。あくまでも目で見、耳で聞き、頭で想像してそれを選手に伝えてきただけなのだ。ここがやはり、本当の強いチームを作るには足りないのではないかと考えるようになっていた。そのため、今までのコーチのすべてが、私と同じように大学野球で裏方をする選手をコーチに選んでいた。

ここでさらに強くなるには、技術指導が本当に自身の体験から、また本当に上の勝負を体験してきた人間の血をチームに入れなくてはならないと考えた。そこで数年考えた結果が、先ず適任者をOBの中から探す結論に達した。候補に何人かを挙げてみた。やはり候補になる人材は、社会人、プロ野球で活躍し、そして家庭を持ってその世界で生きている人材となる。その人材をこの北海道まで連れて来るには難しいことであった。しかしそれをやらなければ、今の私のチームは上のランク、上の強いチームにはなれないと思っていた。そしてついにその適任者、運命を持った男が現役を退き野球現場から離れるという話が耳に入ってきた。それがあの三垣である。三垣は野球部4年次に、ドラフト候補として阪神に指名されるところまで来ていた。ドラフトなので絶対にプロにが入るというわけでなく、あくまでも候補であった。各球団で上位に良い選手が決まったりすると、採る人数がその場で減ったりするものであり、ビジネスなのだからこちらの思いどおりにいかないのは当然であった。三垣は阪神にほぼ決まっていたのだが、結局は指名が掛からなかったのである。その年、大手企業チーム、ローソンの休部もありそこの選手が多く指名されたことなども不運につながったように思う。彼は大学卒業後、社会人野球の三菱ふそう川崎に入社することになるが、そこで実力を発揮し、2度の日本一を経験することになる。その当時同チームには私の教え子が5人いた。高校の時日本学園で教えた安田武一、現在はNTT東日本ヘッドコーチ。西郷泰之、現ホンダのヘッドコーチ。特に西郷はオリンピックにも出場しミスター社会人と呼ばれるほどの有名選手になった。それと北海道で育てた主将石塚。彼はローソンに入り、休部と共に三菱ふそう川崎に移籍していた。後に続いたのが三垣と、遠軽高校出身でエースとして頑張った斉藤圭太も入社時期は異なるが同チームに在籍していた。彼らのチームが戦う都市対抗野球の試合を東京ドームに観に行った時、ドームを埋め尽くす観客の「三垣」コールを聞き、私は感激に涙した。三垣は野球だけでなく、企業の一社員としてこれだけの人たちに支えられているのだと肌で感じ涙したのだ。三垣はその後チームの廃部で三菱岡崎に移籍し、選手とコーチを経験した後、社業に専念することになったと噂を耳にした。

彼がここに戻ってきてくれたらという気持ちを持っていた私は、その2年後、三垣自身が野球の現場に指導者として戻りたい希望があるとの話を聞いた。ついに機が熟したと思い、私はすぐに本人に連絡し気持ちを伝えた。新たな血の投入が必要なこと、母校で育った本物のコーチが欲しいことなどを伝えた。彼が引き受けるにはやはり家族、生活がネックになりはしたが、何度も名古屋に通い彼を説得する前に、まず彼の妻陽子さんを説得した。最初は難色を示した。それは当然で大手企業を辞めて北海道の田舎のチームのコーチになるのであるから当たり前のことである。私は彼の必要性と全国制覇を共に目指して欲しい想いを語った。何回かの説得で私の想いを理解してくれ、彼に母校で指導してもらうことが叶うことになった。私は、これでチーム作りへの大きな転機がやっと来たのだと実感していた。組織は同じ血、同じフィールドにいると、いつかそれは淀みを起こし新しい活力を生み出すことの障害となる。だからこそ、新しい血を入れることも重要なのだと考える。組織をさらに活性化させるには、新しい力、新しい技術、新しい考え方も必要なのだ。

21　親子鷹

私も北海道に来て20数年が過ぎ、初優勝をした時に生まれた長男の優一が、ついに私の大学の門を叩く時が来た。彼は中学時代から関東に野球留学をしていた。彼は幼い頃から、父が農大北海道オホーツクの樋越監督というプレッシャーの中で、野球人として育ってきていた。我がチームに彼が来る時に、私は周りのお世話になっている方々に相談していた。東京の大学、強豪の大学、海外での野球など色々考えてはみた。実際、彼に私が野球を教え始めたのは三つの時であったが、学生野球で直接彼の指導者になったことはなく、最後は私自身が直接指導すべきだとの助言を頂いた。また彼も彼なりに色々考えたようであるが、結果私の元で野球をすることを選んだ。彼の中学からの6年間は特に、東練馬シニアの皆様から暖かい心と支援をしてもらい、息子を育てて頂いたのだと思っている。また、反抗期でもあった彼を育ててくれた私の母にも感謝している。一人の人間が大きく育つということは、そこに協力してくれた人間がたくさんいるということなのだ。組織も同様で、育つためには人、いろいろな考え方、志、人生がいろいろな形で関わり、助言や手助けがあって大きく育っていくのだと思う。

彼が当野球部に入った時期が、第三次の黄金時代となるべく、同級生に良い選手がたくさん集まっていた。樋越優一と一緒にバッテリーを組んだ井口。現在は日本ハムファイターズで活躍している。他にも良い選手が数名、また上級生にも良い選手が揃っていた。現日本ハムファイターズの玉井、現ヤクルトスワローズの風張、その他今も現役社会人野球で活躍している数名の選手がいた。このチームで必ず全国制覇を達成できると実感を持ちながら勝負していた。優一のポジションは、キャッチャーで守りの要であった。当時は優一の上に、現NTT東日本の池沢という良いキャッチャーがいた。その池沢を使いながら、次世代のキャッチャーも育てなければならないという難しい時期でもあった。池沢の成長のために一時期キャッチャーから外したこともあったが、その時は陰で面白可笑しく言う人もいた。監督が自分の子を使いたい、可愛いから池沢を外し、息子を使っている。傍目（はため）から見るとそんなふうにも見えるのだろうが、チームの強化のためには必要なことだった。池沢を育てるため、次世代のキャッチャーを育てるためではあったが、親子で戦うことの難しさを思い知らされてもいた。

　このチームは2回目の神宮野球大会出場でベスト4の戦績を残すことになるのだが、粒そろいの選手でどの選手を使っても遜色ない試合をすることができた。しかし、全国制覇にはバッテリー強化が必要不可欠である。しかし、そのバッテリーの中に自分の息子がいることは楽しい反面、大変難しいことでもあった。彼が最上級生になった時、同期の渡部生夢という選手がいた。後に独立リーグにいくのだが、彼は玉井と一緒に旭川実業高校時代に甲子園にも出場経験のある良い選手だった。この2人のキャッチャーを比較すると、渡部が右打ち、樋越が左打ち位の差しかないぐらい力は拮抗していたことで、戦う投手の右左で起用を変えていたが、渡部の肩の故障もあり、最終的には優一がキャプテンで4番正捕手となった。最終学年で自分の子をキャプテン、4番、正捕手にしたことで、いろいろな葛藤があった。

その中で忘れられない出来事があった。彼の大学野球最後の秋季リーグ戦で思うように勝率が上がらない中、最終節は函館大学とのプレーオフまでもつれ込んだ。この最終節の2戦目、優一が打てずに負ける結果となり、その日のミーティングで彼に対し私は強い指導をした。この時、彼はそれを受け、監督の私に取った態度は、本当に初めてのことであるが、不満を訴える態度だった。ミーティングでそんな態度をとるキャプテンを監督として使うことはできない。これは父子ではなく、監督と選手として絶対許されることではない。彼の中に自分への歯痒さや悔しさが強くあっての態度だと理解は出来ても、チームとして、キャプテンとして、監督に対しては絶対あってはならないことなのだ。翌日のプレーオフには、当然渡部を起用することになった。渡部が起用されることについては、キャプテンの態度だけの理由ではなく、前日の試合でＤＨとして活躍し、力を出してくれてのプレーオフだったからこその起用だった。このことは、父子としての実に難しい部分ではあった。心情的には学生野球最終の試合になるかもしれないから、使いたいという親心もあったが、勝負の世界はそれほど甘くなく、そんなことが通るわけがない。結果、試合途中から優一が出て、ヒット2本を打ち勝利した。たとえ接戦になり負けたとしても、渡部の起用に後悔はなく、周りも納得すると思っていた。親子で同じ組織にいることはとても難しいことで、傍から見ると、根拠ない依怙ひいきとか、特別扱いに写ってしまう。極当たり前に扱っても、そのようにみられる。だからこそ、厳しく接するしかないのである。例え他より厳しくしても、周りは納得しないのが事実であった。

彼が入部するとき、約束をしたことがある。毎日の練習は最後まで残ってやること。最後にグランドの片づけや整備、環境復帰を確認して戻って来ること。野球をやる限り、お前は俺の教え子であって、俺はお前の監督である。であるから、父親としては話しかけるな。彼はその決まりを忠実に守り、4年間一度も自宅に帰ることはなかった。お互いの絆の強さは感じつつ、同じ組織に親子でいることの難しさを痛感していた。往々にして、大手企業、会社には同族が多いと思う。今この日本の社会ではそのような経営をしている組織が多いと思うが、その中に血縁者と共に経営する場合、上に立つ者の相当な覚悟と相当の意識が必要で、そうすることはかなり難しいことだと思う。組織の中でその関係を確立するためにはお互いの努力と強い意志が必要である。また、そのことを組織の中で理解してもらえる努力と、組織の代表者は自己の強い意志と志を示さなくてはいけない。

22 ベスト4

前章にも書いたが、我がチームがベスト4になったのは2014年の秋である。この頃、リーグ優勝は当たり前、全国でどこまで勝ち進めるかと期待され、学生野球界やマスコミも盛り上がっていた。これが慢心だったのだろうか……。この年の春初戦の最終回で玉井が逆転の3ランを打たれ、旭川大戦を落とす。そこから歯車が狂いだし、断トツの優勝候補と言われていたチームが、春季リーグ戦を屈辱の2位で終わってしまう。しかし、我がチームはそこで落ちることなく、秋に向け全員が一致団結し今まで以上にハードな練習に立ち向かうことになる。朝練はもちろん、授業が空いている昼間の時間も練習し、土日も朝から晩まで練習。彼たちはみんな、春の悔しさを胸に黙々と練習に向かっていた。自分たちが優勝出来なかった悔しさ、必ず秋は神宮に行くという使命にも似た気持ちを闘志に変え、全員同じ思いで日々の練習に臨んでいたように思う。特に最終学年の4年生たちは顕著に練習する姿にそれが出ていた。そして、3年生もそれに引っ張られるかのように一丸となっていた。1、2年生は、先輩たちの凄まじい気持ちの籠った練習に必死に付いていった。先にも触れたが、この時4年生は、玉井（現日ハム）、風張（現ヤクルト）、池沢（現NTT東）、福原（現パナソニック）、そしてキャプテンの平（現かずさマジック）と、後にプロや社会人で活躍する優秀な選手たちが揃っていた。秋季リーグ戦が開幕すると、我がチームは今までにない最強の戦いぶりで勝ち抜き、37季ぶりの全勝優勝を果たした。さらに北海道代表を決める決定戦でも札幌学生野球連盟の道都大学を圧勝し代表となった。その中で一番活躍したのが、玉井大翔であった。春1年から4年春までずっと先発投手として3年半君臨し続け、勝ち続けた。春のリーグ戦で負けた時、次期のエースを育てること、また同級生風張を多く投げさせることが秋は必要と考え、玉井にはこの秋季リーグ戦では、強気のピッチングと絶妙なコントロール、精神力の強さを活かし、いわゆるストッパー、後半の3回のポジションに徹してもらうことにした。先発と違い、毎試合準備をし、毎試合の後半に投げるというタフさが必要であった。彼自身、相当大変であったと思うがそれをやり続けてくれたことで、北海道代表を勝ち取ることが出来たのだ。そして皆の力も結集され、全国大会に出場することになる。神宮野球大会は選手権とは違い出場校も各地域の代表決定を経て出場してくる。したがって11校と出場校の数も少ない。二つ勝つと準決勝に進める。我がチームは初戦、2戦目を快勝し、ベスト4へ。その大会で優勝校と成る東都リーグ代表の駒沢大学と準決勝を戦った。駒沢には現在ＤｅＮＡにいる今永昇太投手がエースでいた。彼らと互角に、そして8回には1アウト満塁まで追い詰めるところまで戦ったが、最終的には3—0で破れた。しかし、これは我がチームにとって歴史を刻んだ勝負だった。何度もベスト16、8にしか進めずそれを繰り返してきたからだ。初めてここでベスト4、もう一つ勝てば決勝、全国制覇が確実に見えたのだ。この戦いの時も、やはり投手陣の働きは大きく、玉井、そして井口らが粘りのピッチングで、勝利を呼び込んでいた。

3年生の井口は、必死に投げ抜き、今大会の活躍が光り、全日本代表選手に選ばれた。それまで全国では知名度が低かった彼であるが、日本代表が世界大会優勝の原動力となった。日本代表善波達也監督から井口がいたので勝てましたと帰国後に電話をもらった時に感激したことを思い出す。わざわざ善波監督が電話をくれたのには理由があった。私も日本代表選考の会議に参加しており終了後に善波さんに『うちの井口は使い勝手が良いからどんな場面でも起用していいですよ』とお願いしていた。善波さんは『有難う御座います』と答えた。そのとおりにこの大会では中継ぎや敗戦処理、雨天時試合など様々な場面で起用して頂く。私がそうお願いしたのには訳があった。彼をメディアに多く捕えてもらうことにより彼の認知度アップとともに東京農大オホーツク北海道の名をアピールしたかったのである。彼が代表として北海道を出発する時に「善波監督に投げろと言われたら何時でも行け」と言って送りだした。彼はそれを忠実にやり遂げた。組織の中で必要とされた時また誰かがその役割を果たさなければいけない時、率先して出来る人材育成も大切である。彼はそれが認められて卒業後にプロ野球界に進むことになる。

大会では、初戦に先発した風張が、ファーストゴロのカバーで右太ももの肉離れに見舞われ、ほぼ投げれなくなってしまっていた。そこで急遽井口がリリーフで登板、長いイニングを投げ抜き、玉井に繋ぎ勝利するのである。そこから、我がチームは波に乗り、2戦目も井口先発、玉井が抑えで勝利した。その時、改めてピッチャー起用の難しさを知る。思いがけないアクシデントがピッチャーたちを育て、また急遽でも与えられた役割を必死で全うする。玉井は先発、抑え。井口は先発、中継ぎとフル回転で投げ抜く。危機感をもってその状況下において、人は役割を果たそうとして必死に頑張るパワーを出すものなのだ。これは組織でも同様で、何かアクシデントがあった時、カバーできる大きな力、秘めたる力があることが強いのだと思う。この時、私はピッチャー起用について、改めて勉強させられ、さらに面白さも知ったのだ。すべてが決められたとおりに進めるのではなく、自分の仕事だけ、自分の役割だけでなく、全てのことを把握するように努める、準備をすることが必要で、それが組織を動かす力と成るのである。

第六章　さらなる挑戦

幸運をよぶ四ツ葉と誓いのシンボル五ツ葉

23　五つの誓い達成の予感

私は五つの誓いを立て、野球部という組織を作り、20数年が経っていた頃、この誓いが達成できると予感できた出来事がある。それは全国でベスト4になった時だ。こう戦えば、こういう組織を作れば、こんな選手を集め育てれば優勝に手が届くのではないかと何となくだが、掴み始めていた。誓いの唯一まだ叶っていない「全国制覇」は、もう間近に迫ってきている。なぜ思ったのかと言うと、我がチームが全国ベスト4になった後に、北海道に一つシードが与えられ、翌年の出場校の組み合わせ枠に反映されるのだ。シードされればそれだけ、試合数が少なく、勝てばすぐ目の前に決勝戦が見えるのだ。であるからこそ、我がチームは翌年、その枠に入って戦い、さらに上を目指さなければ成らなかったが、その年のリーグ戦で優勝を逃した。その時北海道代表で出場した東海大札幌校が、ベスト4まで進み、優勝候補と戦い僅差で負けていた。さらにその翌年は、代表で出た道都大学が同じようにシード枠で勝ち進み、準優勝を手にしていた。チャンスは積み重ねであり、チャンスを掴むことが躍進に繋がるのだ。組織もそうであるが、チャンスを掴み、上手く利用することが成功を呼ぶのだ。チャンスを掴むためには準備、またその準備以上に大切なのは、意識してやり遂げる意思を強く持つことだ。当時野球でこの意思を強く持って成し遂げたことが一つある。それは選手権大会ベスト8に初めてなった時のことである。その年のチームは個性が強い選手が多く先にも記したが、岸部主将がいなければ、バラバラになってしまうチームであった。特にこのチームは北海道出身者が多く道内高校での序列のようなものが見え隠れしていた。北海高校の畑を中心とする札幌勢、旭川大高の東原の旭川勢、苫小牧工業の青山など個性の強い選手がおり力があるがお互いに引っ張り合い力が出ない集団であった。OP戦は全敗に近い状態で数日後にリーグ戦に入ることになった。私は、発奮を期待して、その時彼らにミーティングでお前たちは創部以来の最低最悪の一番弱いチームだ。リーグ戦も勝てないであろうし、まして全国大会出場など到底あり得ないと言葉をぶつけた。私の思惑通りに彼らは奮起し、見事にリーグ優勝、全国大会出場を成し遂げた。そして初の全国ベスト8にもなったのである。

後の話であるが、私の罵声の後に主将岸部を中心に4年生がリーグ優勝、全国大会に出場するために何が必要か、何をすべきか幾度も話し合ったらしい。その結果チームが結束し特に北海道出身者が協調しあったらしい。全員の目標が決まり、勝つための準備ができたのである。この、目標を達成するための準備とその意識をしっかり持つことは、野球だけではなく組織の中で何か目標を持った時に重要不可欠なものとなるのだ。

24　アカデミー構想

ある程度目標を達成しつつある私は、さらなる指導者の領域を広げようと幼児・少年野球指導というものについて考えていた。その中で最初に頭に浮かんだのが少子高齢化の進む地方で、子供たちに対する野球を通じての人間教育と野球選手の育成である。ここ数年、職と子供たちの洗練された教育環境を求め都心に人が集まり、地方の人口が減少するという傾向が目立っている。東京や主要都市にその傾向が顕著に現れている。中でも北海道は札幌に人口が集中し、その周りの市や町村では人口激減の傾向となり衰退している。当野球部がある網走市も同様の状況になっており、そこで私は一つの新しい方向性を見出せないかと自問自答した。地方の高校野球がどんどん衰退していくことにより地方大学の野球も同様に衰退するという危機感を感じていたからだ。

その一つとして、網走市内における「ベースボールアカデミー構想」を考えてみた。幼児期より野球を身近に親しみ、野球に楽しみを感じるような仕組と団体スポーツを通して人間形成教育が同時にできないかと考えた。この構想は、保育園・幼稚園から野球になじませ、野球の楽しみを教えることから始めるものである。幼児教育の中のスポーツに野球を取り入れたいが、打撃練習一つを例にとっても、動いている丸いボールを丸い面のバットで打たなければならないというような難しい動きが野球ではたくさん要求され、これは子供には大変難しいことである。昨今、子供たちに野球の楽しさを知らせるために、Tボールゲームが盛んに開催されている。このTボールゲームを幼児教育に取り入れ、それをさらに発展させ、軟式野球を小学校、中学校の体育授業の一つとして取り入れ網走で野球の素晴らしさと勉学を学ばせる。同時に網走市内の公立高校に甲子園出場を目指す指導と準備をさせる。将来は地元高校から北海道代表として甲子園に出たいと思うような子供たちを増やして、さらには東京農大北海道オホーツク硬式野球部からプロ選手を目指す夢を持たせることにより、地元離れする子供たちの流出を防ぎたいと考えた。

また、主要都市や過疎地で思うように収入を得られず子供に進学させ野球をやらせることが困難な保護者が多くいる現実も知り、保護者は網走地場の第一次産業に従事してもらい安定した収入の確保と住居提供など移住促進による人口増加対策につなげたいと考えた。さらに人口増加だけでなく担い手不足による農林水産業の労働力不足による衰退防止策にもなろうと考え、このような構想を持ち、当時の市長に何度も相談をしに行っていた。市長は私の構想に賛成し推進の意向を示してくれたが、周りに難色を示すものが多く3年の月日を費やしたが、結局この構想が叶うことはなかった。なぜそうなったかと言うと、何か新しいことを始めようとする時に、手間がかかることや、困難なことがたくさんあると縦割り組織は、それを回避するように感じた。これでは、新しい発想も、新しい発展もなく、ますます衰退の一途なのだ。子供たちの教育に対しても同様な考え方が多いので、何一つ地域は発展することがない。

地方で生き残るには、発想が大胆であったり、前向きな姿勢だったりがある組織だけが生き残るのだと思う。ことなかれ、何かやった時に責任を取りたくない、何かした時に面倒なことからは逃れたいといった気持ちが作用すれば、大抵そこからは何も生まれないし、進まないのである。

また、経済的な要因は子供たちにスポーツと勉学をさせるのに大きくかかわる。俗にいう特待生制度でなければ、進学させられない家庭も多い。これは、総所得額の低下もあり、昨今では仕方がないことかもしれない。野球の素質があり、野球をやりたいと思う子供たちが、経済的理由でできないことは多々あるのが現状だ。そこで自治体が、子供たちの親の労働力を経済的担保することで地域の教育や産業を発展させるということが狙いだった。

さらに簡単に要約してアカデミー構想の概略を説明してみるが、それほど難しいことではない。要するに子供たちに野球をやらせたいと考える親たちの希望を叶えるために幼、小、中、高、大一貫した教育、勉強とスポーツ、今回はベースボールアカデミーなので野球に特化した構想である。さらに、その親たちにも地方、網走市に移住してもらい、ここで就業し生活をするのである。網走は農業・漁業の一次産業が盛んな地域である。しかし、その担い手や労働力が低下し、徐々に離農、離漁が増えつつある。そのため産業も衰退してきている。そこで、その親たちにその労働力となってもらうことで、人口の減少、産業の衰退を食い止める。子供たちには、勉強そして野球に打ち込める環境を整備するという考え方だ。口で言うほど簡単ではないのはわかっているが、決してできない構想でないと考えていた。

しかし、私が幾度か相談に行った時には、次のような回答が返えってきた。「これはできない。これは規則に当てはまらない、これが問題である」だった。まず、問題点からの提起であったのだ。これでは、何も発展的な話し合いにはならない。やろうとしている目標や計画を成功させるために、どうするかを考えずにまずダメなところから指摘し、ダメなことを強調し、やらないで済むような話し合いにもっていくのである。縦割り組織にありがちな姿勢で、何一つ建設的な改革はできないのだと感じた。この構図は、衰退を意味すると思う。何か新しく計画したことをダメと否定から入るのではなく、推進するために、どのような方法でどのようにすれば成功に導けるのかを考えることが重要だと私は考える。野球チーム作りでも同様で、困難な目標達成ができないではなく、できるために必要なことを考える姿勢、練習方法、工夫があるかで、その組織、チームの発展があり、作戦のバリエーションやチーム力の向上につながっていくのである。何事もそうであるが、やる前からダメの考え方では、何も生まれないのである。やる前から駄目の発想と責任回避、事なかれ主義は組織を駄目にする。

25 逃亡

野球部の長い歴史の中で、途中で挫折して辞めていく学生もいた。他の大学に比べれば、我が校は劇的に少ない方で、そこに陥らず最後まで頑張ってくれた選手が多かった。その辞めていく事情としては、一般的に親御さんの経済面などの家庭の事情が全体の三分一、また自分の考えていた以上に野球のレベルが高く、練習量の多さや厳しさに負けて辞めていく者が三分一、そして最後の三分一は、親元から離れ自立できないままホームシックにかかり辞めていく者の3者である。

経済的な親の問題で辞めざるを得ない場合は本当に可哀想であるが、これは親の経済的支援があっての高等教育の修学であるから仕方がない。また親離れ、子離れができず、ホームシックに掛かりそれを引き離せない親たちの甘さのために辞めてしまう子供たちも可哀想である、この2者は親の責任であって仕方がないと思う。

私は新入生が入学する時の、地元後援会（農球会）と父母会主催の歓迎会で必ず参加者の前で話をする内容がある。その内容の前に少し本題に外れるが、この歓迎会について加筆しておこう。なぜ、書き足したいのかは、第一章で紹介した「龍寿し」の大将小田部さんの無償の後援に対しての感謝と新入生にとってこの会が第一の登竜門であるからだ。歓迎会の発端は三期生歓迎食事会に始まる。食事会を大将のところでしたいとお願いしたところ快く承諾、なおかつ寿司屋仲間の協力で仕入れ値の原価だけで寿司を提供してくれた。これが後援会の発足の原点でもあった。また、大将の提案で新入生に地元の海産物を腹いっぱい食べさせようと1人1桶50貫を食べさせる企画でもあった。50貫は食べ盛の彼らでも相当な量である。何時しか回を追うごとに彼等がルールを変えて先輩たちが50貫を入れ替える、例えば光物コハダ、サバだけとか玉子だけとか、それを食べ切らせるに代わっていた。相当過酷である。これが新入生にとってのいい意味でも悪い意味でも最初の不条理、道理の始まりである。店に30人程度しか入れなく最も多い時で70人近くが入るので別室にいた私が知ったのは大分後のOB会で知ることになる。OBに言わせると最初の試練で、ここで上下関係や団体生活等組織の中での生き方を学ぶ一歩目であり、良い思い出であるらしい。

昨今いろいろと規制が掛けられ子供たちの中でのルールに基づく遊びや習わしに大人が介入しすぎ、そこから得られる多くの経験や生きる術を体得出来なくしてしまっているのが残念である。今では、部員の人数も増え、ホテルでの開催なのでこの一桶50貫完食の儀も無くなった。だが未だに大将のご厚意が後援会に引き継がれホテルの会場に何百貫ものお寿司の差し入れがされている。本当に感謝である。

そろそろ本題に戻そう。その歓迎会のあいさつで、私が網走の父となるので厳しく育てる、練習で厳しくするのは勝つためで当たり前であるが、特に私生活は彼らが卒業後に社会人として強固な企業戦士として生き抜いて行くために厳しくすると親と本人たちの前で話す。それでも親離れ子離れが出来ずに辞めてしまう。そして一番残念な辞め方をする選手は練習の厳しさについて行けず、自分のレベルの低さを痛感して野球から離れてしまう選手たちで、本当に残念でならない。やはりレベルの高いところに行くからこそ自分が鍛錬され、自分が大きく成長できるのだが、その当時者たちはそこに負けてしまい楽な方に逃げてしまう。特に高校時代にある程度のレギュラーで、ステータスを持っている選手に多くみられる。高校のレベルは高校野球時代のことであって、大学野球はまた別のもの。また当野球部は全日本で優勝するという高い目標や意識を持って集まった選手たちなので、そこのギャップも時にはあるのかもしれないが、そこを越えられずに逃げて行ってしまうのだ。

一番悲しいのは、自分が耐えられないにも関わらず、そこから逃げ出すことの理由を周りの環境のせいにしたり、人のせいにしたりすることである。なぜそうなるかと言うと、当野球部は北の最果て網走という土地にあり、そこを目指して来るには家族や指導者、関係した人たちにそれなりの覚悟をもって出ていくことを示しているはずだからだ。辞める時に、そこまでして決めたことへの言い訳が付かなくなるのであろう。必ず彼らは、親に辞める理由を言う時に自分を正当化する言い訳、そのための嘘を作り辞めていく。私が網走のチームを強くする中で一番悲しい出来事である。近年ではベスト4の結果を知り、入部してきた第4黄金期の選手の中にも、そのような者がいた。彼は守備力が弱かったが打撃には光るものを持っていた。地区の代表校のレギュラーで大会にも出場した選手であった。

過去の栄光にしがみつき自分の技量の無さを人に言えない、それを認めようとせずに結局は言い訳を作るための嘘をついて辞めていくこととなった。すべて環境や他人のせいにして。自分自身の弱さに触れることもなく親も彼の言い訳を鵜呑みにして去っていった。本当の理由は彼にしか分らない。この言い訳と辞めて逃げ帰った事実を一生背負って生きるのである。本当に残念であり悲しい。また、私の未熟さを痛感した出来事である。これは組織の中でも同様で、自分の考えや理想に合わないことは世の中にはたくさんある、まして人生経験の少ない十代、二十代では当たり前である。それを教え導いていくのが大人である。教育の現場であれば教員や指導者、家庭であれば親、兄弟、職場であれば上司、先輩の務めである。しかし、最終的には自分の責任であって、そこに合わせようとする努力、そこで頑張ろうとする努力を自らがしなくては何も始まらない。

過去にこのような事情で辞めた選手で、卒業後野球部との良い関係が続いている準ＯＢが数名いる。彼らが大人になって野球部ＯＢ会や同期生の結婚式で再会した時に必ず言うのが、あの時はただ辛くて、苦しくてその場から逃げたい。そのために親、高校の先生、関係者に嘘を言ってでも辞めたかったと。こうやって私に話ができるＯＢは野球部を途中で辞めていたとしても、同じ社会人として、親しくしているのである。人間、どこかで辛いことは必ずあると思うが、そこに逃げずに最後までやり続け、頑張ることの大切さを私が野球部で教え、携わった選手たちに伝え続けなければいけない大切なことだと思っている。組織の中でも自分の実力、自分の立ち位置が分からずその場を逃げたいと思うことがあるだろうが、それは一時的なものであって、自分が努力、または自分がそこを見つめ直し改善すれば必ずいい方向に向かうのだ。これは毎年卒業していく学生たちにも伝えることの一つであるが、その場を逃げずに最後まで頑張るという気持ち、それを乗り越え努力をすること。それが将来必ず身を結び、成長に繋がるということ、これこそが雑根のバイブルなのだと。苦しいことがあればこそ頑張らなくてはいけない。辛いことが有ればこそ乗り越えなくてはならない。叩かれても叩かれても目標に向かって突き進まなければならない。そういう心を持って欲しいと願っている。

26 別れ

30年近く北海道で指導者して頑張ってきたが、ついに私も職場の人事異動の時期が来た。30周年という、大きな節目を目の前にしてチームを去ることはとても辛いことであったが、この人事異動は避けて通れないことである。私もサラリーマンであるから、それを受け入れなければならなかった。ただ、私がこの人事異動について打診された時、正直考え迷った。30年目まではどうしてもやりたい。第4黄金期の選手たちを最後まで見届けたい。五つの誓いの全国制覇を成し遂げたい。そんな気持ちが大きくあり、最初は避けて通れれば避けたいとも思った。しかし、大学に雇用して頂いている職員であるかぎり異動は避けては通れない部分もある。また異動の話が出るということはそういう時期に来ているのではないかとも思った。組織の中で異動することにより、組織自体が改革を望み、前進するためのものであるのだからこそ、人事異動が発令されるのであろう。

こう考えると、私も動く時期に来ているのだと思った。幾つかの心残りもあり、打診から3カ月くらいは、自問自答を繰り返えした。その中で考えたのは、今私が世田谷に動くことにより、その先が大きく改善され前進することが出来るなら、その力にならなくてはいけないのではないかということ。また、オホーツクが30周年を迎える時に本当の純潔の学部のOBである、三垣が監督になること。また第4黄金期を築けるであろう選手が残っていること。そう考えると、やはり今が異動する時期なのではないのかという考えに行き着いた。やはりこれが人の運命であったり、人生の流れなのだろう。ここでまた、新たな北海道オホーツクが大きく開花していく予感もする。私は、自分の母校である世田谷で一から始めるという宿題を頂き、それに向かって頑張るのだという目標が新しくできた。この出来事は「時期」と永い時の流れと「時期・時」を改めて感じさせられた。組織には必ず改革、改新しなければならない「時期・時」が訪れ、それを見極め決断も必要である。

27 挑戦

私は昨年12月の極寒の頃、北海道から世田谷へ移ることになった。11月26日、世田谷の監督室に入った時、新たな気持ちで頑張ろうという身の引き締まる思いがしていた。まず私が手掛けたのは、選手全員との面談である。みんな初めて会う学生、選手たちである。選手たちも緊張しているように感じた。20数年前を丁度思い出すと、オホーツクの野球部の扉を開けた時、やはりいろいろな情報が入っていたせいでボイコット等、いろいろなことが起きたことが走馬灯のように思い出された。まず、その失敗を繰り返えさないように、一人一人と話すことから私は始めた。やはりあの時と同じように北海道から凄いスパルタな監督が来るという情報が選手たちに広まっていた。ほとんどの選手が顔をこわばらせ、私を受け入れたくない気持ちが表情から受け取れた。しかしこれは、組織での異動なので彼らも仕方なく受け入れざるを得ないということも垣間みれる中、一人一人の面談で私の野球観、理想の野球、考え方を選手たちに話していった。誤解は少しずつ解けた部分もあったが、すべてが取り除かれた訳ではなかった。4月にはリーグ戦が始まるので12月3日から練習をすることを決め、それまでに110数名の選手の面接を終わらせた。すでに12月3日の練習開始時には、7名の退部者が出ていた。就職活動に専念する者、これからの野球部としての目標設定と自分の野球人生との相違で辞めていった者。後者については、本当に申し訳ないことであったと思っているが、勝利にこだわる野球を方針に掲げた組織の改革なので受け入れてもらうしかなかった。12月3日、世田谷の監督として初めて選手とグランドに立つ。まず、選手たちには基礎練習から始めることを伝えた。全員が一つのことに向かってベクトルを同じ方向にすることが必要だと、チームに植え付けなくてはいけないと思った。それはこの世田谷のチームをオホーツクの監督だった時に何度か遠くから見て、みんな個々が勝手に野球をやっている、個々が勝手に行動している印象を持っていたからだ。プロ選手ならそれでもいいのであるが、学生野球は目標に向かって全員が同じ気持ちで同じ行動をしなくてはならない。そうしなくては勝てないからだ。

そこをどうしても意識付けし教えなくてはならないと考え、基礎練習の第一歩として歩行訓練を取り入れた。12月の朝6時は真っ暗で、世田谷のグランドは照明施設もなく、その中で選手たちが行進をする。声を出さずに足を揃え、内側と外側、横、縦の列を選手がきっちりと並んで行進する。簡単なように見えるが、結構これが難しい。案の定、彼らはできない。それを何時間も何時間も繰り返えす中で、不平不満が出てきた。これが私の狙いでもあった。その不平不満が出て、誰がどのような方法でそれを解決するのか。リーダーシップを取れる人間が何人いるのか。またそれを遂行することで、何人がそれに従い付いていくのかを知りたかったのだ。上級生、下級生の壁を越え創意工夫協力する姿を見たかった。するとそれは顕著に表れ2日目、3日目となると、段々歩行は揃うようになってきたが、やはり完璧には揃わずに朝の2時間が過ぎていく。暗がりの中、無言の中、歩き続ける姿は異様にも見えた。大学関係者からも、私の練習に神がかっていると噂されていたようだが、これが一番大切なのだと選手たちに伝えながら、練習を続けた。するとある日、ある選手が「監督さん、声はかけないが最初の声と途中の号令をかけても良いでしょうか」と言ってきた。これは大きな進歩であった。自分たちで考え、先に進もうとしているのだ。このことこそがこのチームの大きな進歩になっていくのだと思った。彼らは自分たちで考え、行動し始めた。一つの号令のかけ方で、完璧ではないが相当なレベルまで歩行が高まっていった。このチームはきっと変われると、この時、私は確信した。

その次に行ったことはランニングである。歩行よりスピードを上げ、全員が足を揃え全員が同じ気持ちでランニングする。これも初めは全く揃わずバラバラだったが、自分たちがどのようにしたら揃うのか、監督が望むランニングをするためには何が必要なのかを、練習終了後の夜に、全員でミーティングして話し合うようになった。それから数日後であったろう、全員が揃ってランニングする姿を目にすることになり、それは確かに圧巻で重厚な迫力ある景色だった。

その時、私は思わず彼らに声をかけた。「やれば出来るよ」と。こんなふうに全員で同じ気持ちで一つの行動をすること、心を一つにすることで野球は強くなるんだと語り掛け、彼らの目が輝いていたのをしっかり覚えている。このまま2カ月余りキャッチボール、ボール回し等、基礎練習を徹底した。そして彼らは少しずつ野球の意義、やるべきことの意義を身体に染み付けていったと思う。これが私の新しい挑戦の一歩になっていく。まだまだこれからのチームだが、そんなことで挑戦が始まった。やはり組織は全員が高い意識を持ち、簡単なことでも全員が同じ気持ちでやろうとすること。その目標に全員が意識の強さを持ち向かって行く気持ちがあってこそ、組織も強くなっていくと思う。まだ、世田谷は結果を残すまでに至っていないが、必ず結果を出せると思っている。また、世田谷での新しい挑戦が5年後、10年後、オホーツクのように30年後にこの一歩からの始まりが組織改革の証になればと思っている。

28　結集

このバイブルの結びになるが、やはり組織を改革し、作り直し、またさらなる躍進をさせるためには周りで援護してくれるスタッフが必要である。私が世田谷に戻った時、スタッフの結集を行った。まずは私の教え子で大学職員として在職しているOBたちである。ありがたいことに5名いる職員たちは、快くその招集に応じてくれ、いろいろな方面で役目を果たし、協力してくれている。そしてその学内協力者が集まったことにより、土台固めができた。

次に現場で重要な役割をはたすヘッドコーチを招集するのであるが、前章にも書いたが新たな血を入れることが必要だと考え、現役時代オリンピック出場、指導者としても実績のある優秀な人材の桑本孝雄氏を招集するのだが、彼は三菱ふそう川崎で現役時代に日本代表としてオリンピックに選出されるほどの選手でミスター社会人でもあった。また同チームでヘッドコーチを務め、社会人野球日本一に3度貢献している。その後は母校の武相高校の監督として指導に当たり、神奈川の激戦区において、たった5年でベスト4の結果を残している。特にオホーツクには良い選手を送ってくれており、日本ハムに進んだ井口を育てた監督でもある。私のサポートには申し分のない人選だと思ったが、彼の生活や彼の人生を負うことになるので簡単ではなかった。どうしても私の新たな挑戦を共に戦って欲しいと熱心に口説き、私の夢を語り、そして彼に共感してもらうまで時間はかなり掛かった。ついに同じ野球人として世田谷野球部の再建に力を注ぎたい気持ちを理解してもらえ、現在チームのヘッドコーチとして来てくれることになった。

組織作りで一番必要なものは人と人との繋がりである。この人と人の結集こそが、新しい組織、改革に必要だったのだ。この集結してくれたメンバーで、私がこれまでに経験してきた全てをフルに活かし、さらなる私の野球人生の華を咲かせたいと思う。今、私の雑根バイブルの第二幕が始まり、この二幕は始まったばかりではあるが、徐々に根を張り始めていることを実感している。また、大きな華を咲かせる目標を持って。

終わりに

東京農業大学北海道オホーツク硬式野球部の30周年記念として、この一冊を出版するにあたって執筆に戸惑いがあった。

しかし、これまで私を30年間支えてくれた父母後援会会長四分一明彦会長をはじめお世話になった数々の関係者皆様に感謝の気持ちを込めて執筆に踏み切りました。

私が網走で過ごした半世紀をどのようにまとめ、私の想いをどう伝えたら良いか迷い葛藤した中で、オホーツクで育てた５００人近い野球部の教え子と就職指導で関わった一般学生１０００人たちの社会で生きる手立てになればと思い、半世紀を回想しながら書いてみました。ここに書き記した選手やお世話になった関係者の方々はごく一部の方しか書けませんでした。改めて私の野球人生を半世紀にわたり支えてくれた多くの方々に感謝し、私に付いてきてくれた選手たちひとり一人にありがとうと言いたい。本当に感謝致します。本当にありがとう。

結びに、また新たな挑戦の場、激戦東都大学野球連盟の東京農業大学硬式野球部監督として就任させて頂いた東京農業大学大澤貫寿理事長先生と髙野克巳学長先生に心より感謝申し上げます。

著者

著者プロフィール

樋越　勉（ひごし　つとむ）

1957（昭和32）年4月13日　東京都生まれ。

職歴
東京農業大学（世田谷）卒業後、日比谷花壇（5年間）、銀座に花屋を起業。
その後、野球指導者へ転向。
日本学園高校（東京）事務職員（3年間）。
東京農業大学学長室（2年間）
1990年　東京農業大学生物産業学部就職課。その後、就職課長。ここで20年間、学生の就職活動を支え続ける。
生物資源開発研究所事務長、学生サービス課長を経て、
東京農業大学北海道オホーツク硬式野球部監督に専任となる。
北海道学生野球連盟理事長・公益財団法人全日本大学野球の常任理事。
2017（平成29）年12月1日　人事異動で東京農業大学世田谷キャンパス事務局、同時に東京農業大学硬式野球部監督に就任。

球歴・野球指導歴
1973～1975年　日本学園高校野球部。
1976～1978年　東京農業大学世田谷硬式野球部（内野手）。
1985～1987年　日本学園高校野球部コーチ・監督。
1988～1989年　東京農業大学世田谷硬式野球部コーチ。
1990～2017年11月　東京農業大学北海道オホーツク硬式野球部監督。
2017年12月～　東京農業大学硬式野球部監督、現在に至る。

写真提供　渡邊　和典
（東京農業大学オホーツクキャンパス事務部）

雑根バイブル—組織の道しるべ

2019（平成31）年1月17日　初版第1刷発行

著者　樋越　勉
発行　一般社団法人東京農業大学出版会
代理理事　進士五十八
〒156—8502　東京都世田谷区桜丘1—1—1
Tel.　03-5477-2666　Fax.　03-5477-5747

　印刷/共立印刷　1509117そ
ISBN978-4-88694-488-7　C3016　¥1600E